LE
DARWINISME

ET

L'ORIGINE DE L'HOMME.

PAR

L'ABBÉ A. LECOMTE

DOCTEUR EN SCIENCES

LOUVAIN

TYP. DE CH. PEETERS, ÉDITEUR

Rue de Namur, 22.

PARIS

VICTOR PALMÉ, LIBRAIRE-ÉDITEUR

Rue de Grenelle-Saint-Germain, 25

1872

Extrait de la Revue catholique

AVANT-PROPOS.

—

Le travail que nous présentons ici, est la reproduction de
sept articles qui ont paru dans la *Revue catholique* de Louvain. Mais si on les groupe d'après la nature des matières
traitées, ils se ramènent logiquement à trois; et c'est la
division que nous suivrons. Le premier a paru en août
1871; le second, en novembre et décembre de la même
année; et le troisième en février, mars, avril et mai 1872.

Dans le premier article, nous avons pour but d'établir
que le système de Darwin, même à s'en tenir au texte de
l'*Origine des espèces* de ce naturaliste, implique nécessairement l'origine bestiale de l'homme.

L'exposé et la critique *générale* du darwinisme forment
l'objet du second article.

Le troisième, enfin, expose et discute les vues *spéciales*

du système relativement à la généalogie de l'homme et au développement de ses facultés mentales.

Au surplus, pour la facilité du lecteur, nous avons jugé utile de joindre à la fin du volume une table analytique des matières.

L'AUTEUR.

Bonvouloir-en Havré, le 20 mai 1872,

LE DARWINISME

ET L'ORIGINE DE L'HOMME.

ARTICLE I.

On sait tout le bruit qui s'est fait autour de la doctrine de Darwin en tant qu'elle implique l'*origine bestiale* de l'homme. Si l'homme descend de la bête, il est naturel de rechercher la souche immédiate qui lui a donné naissance. De là les travaux des disciples de Darwin pour rattacher l'homme aux singes. Il faut particulièrement citer à cet égard Huxley, Lyell, Vogt et Häckel, sans compter une foule de comparses obscurs, qui prônent le darwinisme uniquement parce qu'ils croient y reconnaître le drapeau de la victoire pour le matérialisme.

Le darwinisme paraît entrer déjà dans la phase de son déclin (1). Néanmoins comme longtemps encore, sans doute,

---

(1) En voici, pensons-nous, un symptôme bien significatif.

Le naturaliste anglais A. R. Wallace peut être considéré avec Darwin comme le co-fondateur de la nouvelle théorie. Eh bien ! dans un ouvrage qu'il a publié l'année dernière *(Contributions to the theory of natural selection : a series of essays, London,* 1870), il déclare et prouve que la *sélection naturelle,* ce principe fondamental du darwinisme, est absolument insuffisante à rendre compte de l'apparition de l'homme sur la terre. Pour rendre possible le passage des animaux à l'homme, il a fallu, d'après Wallace, à la sélection naturelle ajouter l'action d'un pouvoir intelligent *(a superior intelligence, a controlling intelligence),* qui aurait violenté les agents de la vie pour leur faire produire enfin l'homme, à la manière dont l'homme lui-même agit pour produire les races domestiques. La *Revue catholique* a déjà appelé l'attention sur cette évolution qui a une importance capitale (Voyez la livraison du mois de mars 1871).

Mais il y plus : une revue anglaise qui s'est toujours fait remarquer par la chaleur avec laquelle elle patronne le darwinisme *(The popular science Review)* a publié en janvier dernier un mémoire de George Buckle, d'après lequel cette intervention des intelligences supérieures ne serait pas limitée à la production de l'homme, mais devrait être généralisée comme une loi de la nature dans la formation des espèces.

sur ce terrain, comme en un champ clos, aura lieu la lutte de l'incroyance contre les traditions bibliques sur l'origine de l'homme, il est nécessaire que du moins le système de Darwin soit précisé avec une rigoureuse exactitude, afin d'éviter tout malentendu. Or, précisément, la portée du darwinisme, relativement à l'origine de l'homme, est un point qui a surtout besoin d'être éclairci d'une manière complète. En effet, plusieurs écrivains catholiques et autres paraissent croire ou disent expressément qu'il y aurait, relativement à cette question, une distinction à faire entre Darwin et ses disciples, celui-là, du moins dans son *Traité de l'origine des espèces*, ne faisant pas descendre l'homme de la bête, et ceux-ci ne reculant pas devant cette application du système. Par suite, tandis qu'on combat les disciples, on trouve assez inoffensive la doctrine de Darwin lui-même (1). Il est vrai qu'à ces appréciations bienveillantes Darwin réservait de bien amères déceptions. En effet, dans un ouvrage qui vient de paraître : *L'origine de l'homme* (2), il essaie de prouver

Quoique Wallace n'exprime pas nettement ce qu'il entend par ces *intelligence*, *supérieures*, puisqu'il en parle souvent au pluriel (*higher intelligences*, p. 360), G. Buckle conclut qu'elles ne doivent pas s'identifier avec la Divinité. Ce seraient, d'après lui, des intelligences intermédiaires entre Dieu et l'homme. Nos anges répondraient donc à cette notion. Et, en effet, la seconde édition de l'ouvrage de Wallace a paru récemment, et dans une note qu'il y a ajoutée, ce savant dit que les intelligences supérieures, auxquelles il fait appel pour expliquer l'existence de l'espèce humaine, sont des êtres intermédiaires entre Dieu et l'humanité (Cf. p. 372-372 A.). Mais cette sorte de domestication de nos ancêtres sous l'empire d'êtres intelligents particuliers est une hypothèse tellement gratuite et arbitraire qu'elle doit être considérée, pensons-nous, comme un aveu d'impuissance pour le darwinisme, du moins en ce qui regarde l'apparition de l'homme. Or, cet aveu ne pouvait émaner d'une source moins suspecte.

(1) Nous donnerons une idée de la confusion qui règne à ce sujet dans la controverse catholique par ce seul fait. Tandis que, par exemple, le P. Pianciani, Mgr Meignan, les écrivains de la *Civiltà cattolica* et la plupart des auteurs catholiques signalent les conséquences antichrétiennes du darwinisme, d'autres pensent que toutes ces conséquences ne sont pas inhérentes au darwinisme, et que les catholiques qui lui sont hostiles *s'en font une idée très fausse, ou ne savent pas bien leur catéchisme.*

(2) Ch. Darwin : *The descent of man, and selection in relation to sex.* 2 vol. London, 1871. L'ouvrage de Darwin : *The variation of animals and plants under domestication*, London, 1868, présente aussi plusieurs passages qui

in extenso notre descendance de la bête, et, en particulier, nos affinités étroites avec les singes. Et quoiqu'il ait ainsi consacré déjà deux volumes à cette question, il nous annonce encore un prochain ouvrage à ce sujet (1).

Mais, comme, en somme, le dernier ouvrage de Darwin laisse intacts les précédents, les écrivains qui n'ont pas remarqué dans le célèbre *Traité de l'origine des espèces* l'affirmation de notre origine bestiale, se contenteront de regretter que Darwin n'ait pas continué à se renfermer dans les limites qu'il s'était posées d'abord. Ils en appelleront du Darwin *nouveau* au Darwin *ancien*, et ils répéteront que le darwinisme *en lui-même* n'a rien qui puisse alarmer nos croyances.

Or, une telle distinction est-elle conciliable avec la pensée primitivement exprimée par Darwin ?

Non, nous allons le prouver ; elle manque complétement de fondement.

Le darwinisme, dans les termes mêmes où il a été exposé dès le début, implique essentiellement l'origine bestiale de l'homme. Supprimez cette conséquence, vous n'avez plus la doctrine de Darwin, mais une doctrine nouvelle que vous substituez à la sienne.

Nous le prouverons en nous attachant exclusivement à discuter le texte même du traité de Darwin *Sur l'origine des espèces*, ouvrage qui, sans aucun doute, restera toujours la *charte* du darwinisme. Nos citations seront empruntées à la cinquième et dernière édition (2). Mais pas plus que la dernière, les éditions précédentes, nous nous en sommes assuré, ne présentent aucune équivoque relativement à la question qui nous occupe. Seulement, comme dans les dernières éditions Darwin cite avec éloge les travaux de ses disciples, et que, malgré toute l'émotion excitée par la question de l'origine de l'homme, il ne pose pas la moindre

renferment une affirmation catégorique de notre origine bestiale. Mais, en somme, relativement à la question qui nous occupe, cet ouvrage n'a qu'une importance secondaire, et nous pouvons le négliger ici.

(1) Cf. *The descent of man*, p. 5.

(2) Ch. Darwin. *On the origin of species by means of natural selection, or the preservation of favoured races in the struggle for life*. Fifth edition, with additions and corrections. London, 1869.

réserve à ce sujet, ce seul fait eût suffi pour mettre en évidence la pensée du savant anglais, si d'ailleurs elle n'avait été par trop claire indépendamment de cette circonstance.

Tout, d'ailleurs, dans le livre de Darwin, tend à établir notre thèse : les expressions générales dont se sert l'auteur, les éclaircissements qu'il emprunte à l'anatomie humaine, . ses idées sur les principes de la classification, et enfin les arguments et les passages où l'origine bestiale de l'homme est professée en termes formels, quoique d'une manière purement incidente.

Dans ce premier article, nous voulons donc simplement établir la portée essentielle du système de Darwin relativement à l'origine de l'homme ; mais ultérieurement nous essaierons de discuter brièvement la valeur scientifique de ce système. Naturellement nous aurons alors à nous occuper, non-seulement de Darwin, mais encore de ses disciples.

I.

Lorsqu'il s'agit d'apprécier le darwinisme, il est évident qu'il faut entendre cette doctrine *telle qu'elle se trouve définie par son auteur lui-même.* Or, lorsque Darwin nous dit qu'il considère les plantes et les animaux comme dérivant, par voie *de descendance réelle et directe,* d'une seule ou de quelques formes primitives, comprend-il parmi les animaux l'homme lui-même ?

La réponse ne saurait être douteuse.

Il y a sans doute de bonnes raisons pour détacher l'homme du règne animal. Le *règne humain,* proposé par Nees d'Esenbach, Jan, Serres, De Quatrefages et quelques autres naturalistes, est, nous semble-t-il, solidement motivé (1). Mais il n'en est pas moins vrai que ce règne n'est pas encore admis par la majorité des savants. Aussi, toutes les fois qu'on ne range pas l'homme dans le

______

(1) Cf. De Quatrefages. *Souvenirs d'un naturaliste,* t. 1, p. 320. Paris, 1854. — *De l'unité de l'espèce humaine,* p. 16-33. Paris, 1861. — *Rapports sur les progrès de l'anthropologie,* p. 71-93. Paris, 1867.

Filippi. *Revue des cours scientifiques,* p. 500. Paris, 1864.

règne animal, on ne manque jamais d'en avertir. Par conséquent, quand bien même Darwin n'aurait pas dit que sa théorie sur l'origine des espèces animales s'applique également à l'homme, du moment qu'il n'a pas expressément réservé ce point, rien n'autoriserait à lui prêter gratuitement, quant à l'extension du règne animal, une opinion contraire à celle de la plupart des naturalistes.

Au reste, Darwin emploie une foule d'autres expressions sur lesquelles aucune équivoque n'est possible. A tout instant, il parle, non-seulement des plantes et des animaux, mais d'une manière générale, de *tous les êtres organisés*, « *all the organic beings* », de *toutes les formes de la vie*, « *all the forms of life* » etc.

Tout cela se retrouve vraiment à chaque page du *Traité de l'origine des espèces*. Mais nous nous contenterons d'en indiquer un seul exemple.

A la fin de son livre, après avoir remarqué que, en s'appuyant sur le principe de *sélection naturelle avec divergence des caractères*, il ne semble pas incroyable que les animaux et les végétaux tout à la fois aient pu être produits de quelque forme inférieure intermédiaire, Darwin ajoute :

« Si nous admettons cela, nous devons pareillement admettre que *tous les êtres organisés qui ont jamais vécu sur cette terre* peuvent être descendus d'une forme primordiale unique » (1).

Tous les êtres organisés qui ont jamais vécu sur cette terre ! Était-il possible d'employer des expressions dont le sens soit plus clair ? Évidemment une théorie qui s'applique à l'ensemble des êtres organisés embrasse nécessairement l'homme que jamais personne n'a songé à détacher de l'empire organique.

Des milliers d'animaux ne sont pas nommément désignés dans l'ouvrage de Darwin, et néanmoins il ne serait venu à personne la pensée que l'auteur ne leur applique pas sa théorie. Il ne serait pas plus logique de créer une exception pour l'homme du moment que Darwin ne fait aucune

---

(1) « If we admit this, we must likewise admit that *all the organic beings which have ever lived on this earth*, may be descended from some one primordial form. » *On the origin of species*, p. 573.

réserve en sa faveur, quand bien même le nom de l'homme
ne figurerait nulle part dans l'exposé du systéme.

II.

Mais il n'en est pas ainsi. Lorsque l'occasion s'en présente, Darwin ne manque pas de citer, à l'appui de sa doctrine, des détails empruntés à l'organisation humaine,
absolument comme il le fait pour les autres animaux. Citons
en quelques exemples.

A. — Ainsi, Darwin a-t-il, dans le développement de sa
théorie, à exposer les causes qui peuvent faire obstacle à
la multiplication d'une espèce, il constate d'abord qu'en
aucun cas nous ne connaissons exactement la nature de
ces obstacles, et il ajoute aussitôt :

« Et on ne peut s'en étonner, quand on réfléchit combien
nous sommes ignorants à cet égard, même par rapport au
genre humain, soit qu'il soit incomparablement mieux
connu que tout AUTRE animal » (1).

B. — La *corrélation de croissance* est un des facteurs
de la théorie pour rendre compte de la variabilité des espèces. Dans cet ordre d'idées, Darwin remarque que les
parties dures du corps des animaux semblent modifier la
forme des parties molles avoisinantes :

« Quelques auteurs, dit-il, pensent que la diversité de la
forme du bassin chez les oiseaux produit la diversité remarquable de la forme de leurs reins. D'autres pensent
que chez la femme la forme du bassin agit par pression
sur la forme de la tête de l'enfant. D'après Schlegel, la
forme du corps et le mode de déglutition des serpents
déterminent la position et la forme de plusieurs des viscères les plus importants » (2).

(1) « Nor will this surpris any one who reflects how ignorant we are
« on this head, even in regard to mankind, so incomparably better known
« than any OTHER animal. » *Opere citato*, p. 78.

(2) « It is belseved by some authors that the diversity in the shape of
« the pelvis in birds causes the remarkable diversity in the shape of their
« kidneys. Other believe that the scape of the pelvis in the human mother
« influences by pressure the shape of the head of the child. In snakes,
« according to Schlegel, the shape of the body and the manner of swal-
« lowing determin the position and form of several of the most important
« viscera. » *On the origin of species*, p. 179.

On le voit, les oiseaux, l'espèce humaine, les serpents, tout cela joue le même rôle *ex aequo* dans le contingent de faits à apporter en confirmation de la théorie.

C. — La formation de certains organes peu importants constitue une difficulté pour la théorie. Darwin essaie de l'éclaircir au moyen de quelques considérations sur les différences qu'offrent nos races domestiques, et il les fait suivre de cette remarque :

« J'aurais pu invoquer dans le même but les différences qui séparent les races humaines, si fortement tranchées » (1).

Sans doute, par son organisation, par l'accomplissement de toutes ses fonctions physiologiques, l'homme est parfaitement assimilable aux animaux. Les rapprochements que nous venons d'indiquer n'impliqueraient donc pas par eux-mêmes l'hypothèse d'une communauté d'origine. Mais il ne faut pas perdre de vue que tous ces éclaircissements sont précisément donnés par Darwin afin de rendre plausible et probable l'hypothèse d'une ou de quelques souches primitives communes à tous les êtres organisés. Ils ont donc bien, dans son argumentation, la portée que nous leur attribuons.

III.

Au surplus, nous n'avons pas besoin de toutes ces inductions, quoiqu'elles soient suffisamment décisives, pour démêler la pensée de Darwin relativement à l'homme : il a eu soin de s'en ouvrir avec une clarté qui ne laisse rien à désirer, même en nous en tenant au texte du *Traité* qui nous occupe.

Et d'abord Darwin nous range, en termes formels, parmi les *mammifères* (2). Or, il professe comme certain que tous les animaux d'une même classe descendent d'un ancêtre commun : « Je ne puis douter, dit-il, que la théorie de descendance modifiée n'embrasse tous les membres d'une même classe » (3). Par conséquent, l'existence d'une souche

(1) « I might have adduced for this same purpose the differences between the races of man, which are so strongly marked.» *On the origin*, p. 243.

(2) *Opere citato*, p. 146.

(3) « I cannot doubt that the theory of descent with modification embraces all the members of the same class. » *On the origin*, p. 572.

commune pour l'homme et les mammifères quelconques est pour lui un fait indubitable.

Il y a plus : d'après Darwin tout système naturel de classification ne peut être que la construction d'un arbre généalogique, et les affinités qui relient entre eux les êtres vivants ne sont que des caractères hérités d'un parent commun.

« Le système naturel, nous dit-il, est un *arrangement généalogique* dans lequel 'les degrés 'divers de différences *acquises* sont marqués par les termes : variétés, espèces, genres, familles, etc » (1).

Ainsi, d'après le darwinisme, toutes les espèces d'un même genre descendent d'un progéniteur commun ; il en est de même pour les différents genres d'une famille et ainsi de suite. Par conséquent, l'homme a un progéniteur commun à tous les mammifères, et enfin un progéniteur plus ancien encore qui lui est commun avec tous les vertébrés. Darwin n'aurait pu renier cette conséquence, sans renier en même temps un des principes fondamentaux de sa théorie.

Aussi Darwin applaudit-il à l'ouvrage dans lequel le professeur Häckel, en partant des principes du darwinisme, a essayé de refondre la classification (2). Le naturaliste allemand range les êtres organisés en groupes subordonnés les uns aux autres en vertu de leur filiation généalogique supposée, et il fait ainsi descendre l'homme des *singes catarrhins* (à narines rapprochées) *de l'ancien monde*. A ses yeux, cette descendance est indubitable : *onhe Zweifel* (3).

(I) « The natural system is a *genealogical arrangement*, with the *acquired* grades of difference, marked by the terms, varieties, species, genera, families, etc. » Ch. Darwin. *On the origin*, p. 566-567.

(2) Ernst Häckel. *Generelle Morphologie der Organismen. Allgemeine Grundzüge der organischen Formen-Wissenschaft, mechanisch begründet durch die von Charles Darwin reformirte Descendenz-Theorie.* Zwei Bände. Berlin, 1866.

Häckel a publié deux autres ouvrages qui traitent de l'origine de l'homme, au point de vue darwiniste, mais comme Darwin ne les cite pas encore dans la dernière édition de son *Traité de l'origine des espèces*, je n'ai pas à m'en occuper dans cet article.

(3) Cf. Häckel. *Generelle Morphologie*, II, p. CLI et 426, et alibi passim.

Or, pour Darwin, Häckel *nous montre comment la classification sera traitée dans l'avenir* (1).

Le savant anglais applique d'ailleurs lui-même incidemment sa théorie à l'homme.

Comme le résultat final de la sélection naturelle et de la concurrence vitale est le perfectionnement graduel des êtres organisés, Darwin se demande comment on peut concilier avec son système la persistance des formes inférieures. Après avoir résolu cette objection à sa manière, il ajoute que l'explication est la même ou à peu près si l'on veut rendre compte, dans sa théorie, des différents degrés d'organisation qui composent chaque groupe naturel, par exemple, *de la coexistence de l'homme et de l'ornithorhynque parmi les mammifères* (2).

Ainsi, non-seulement, pour le darwinisme, l'homme et l'ornithorhynque ont un même ancêtre commun, mais comme il semble, à la première vue, difficile de concevoir une parenté réelle entre des êtres si diversement doués, Darwin va au-devant de l'objection qu'on pourrait faire à sa théorie, et entre dans des considérations propres, selon lui, à la faire disparaître.

IV.

Mais Darwin ne se contente pas d'affirmer implicitement l'origine bestiale de l'homme ; sans s'occuper particulièrement de cette origine dans le *Traité* qui nous occupe, il y essaie pourtant déjà; en passant, de la prouver.

Sans doute, il suffit de lire attentivement cet ouvrage pour se convaincre que, dans la pensée de Darwin, tous les arguments généraux qui tendent à assigner à la classe des mammifères et même à tous les vertébrés un progéniteur commun, s'appliquent également à l'homme. Mais il y a mieux que cela.

(1) « He...shows us how classification will in the future be treated. » p. 515.

(2) « Nearly the same remarks are applicable if we look to the different gra- » des of organisation within each great group ; for instance,... *amongst mammalia, to the co-existence of man and the ornithorhynchus.* » Ch. Darwin. *On the origin*, p. 146.

Le nombre des animaux qui, dans l'*Origine des espèces*
se trouvent désignés par leur nom, est naturellement bien
petit, si on le compare à la somme des espèces que la science
a décrites (1). Or, non-seulement Darwin nous accorde le
privilége d'une mention particulière, mais il indique des
arguments spéciaux qui, selon lui, prouvent notre commune
origine avec la bête. Arrêtons-nous un peu à présenter ces
arguments.

A. — Il en est un dont Darwin paraît enchanté et qui
renaît vraiment sous toutes les formes.

Le savant anglais avait dit d'abord en exposant son
système :

« Nous ne pouvons penser que l'homologie des os dans
le *bras du singe*, dans la jambe antérieure du cheval, dans
l'aile de la chauve-souris et dans la nageoire du veau
marin, soit spécialement utile à ces animaux. Nous pouvons *sûrement* attribuer à l'hérédité ces particularités de
structure » (2).

Ainsi, d'après Darwin, la ressemblance anatomique
signalée prouve que le singe, le cheval, la chauve-souris
et le veau marin descendent d'un ancêtre commun dont
ils auraient hérité ce caractère.

Mais comme, pour le darwinisme, le singe et l'homme,
apparemment, c'est à peu près tout un (3), nous retrou-

(1) D'après les recherches statistiques du naturaliste allemand Bronn, le nombre des espèces animales décrites s'élevait déjà, en 1858, à 113,000 (Cf. Maximilian Perty, *Die Vertheilung der Thierwelt über die Erde*, apud *Westermann's
Monats-Hefte*, 2te Folge, no 59, p. 492. Braunschweig, 1869).

(2) « We cannot believe that the similar bones in the *arm of the monkey*, in
« the fore-leg of the horse, in the wing of the bat, and in the flipper of the
« seal, are of special use to these animals. We may *safely* attribute these
« structures to inheritance. » Ch. Darwin. *On the origin af species*, p. 244
London, 1869.

(3) De Quatrefages a péremptoirement démontré qu'en raisonnant *logiquement* d'après les principes du darwinisme, il y a contradiction à faire descendre
l'homme du singe (*Rapport sur les progrès de l'anthropologie*, p. 241-252). Il
en conclut que la théorie de l'origine simienne de l'homme *est en désaccord
manifeste avec les idées de Darwin auxquelles on s'est efforcé bien à tort de la
rattacher* (p. 252).

Mais il y a ici une distinction à faire.

Sans doute les darwinistes ne peuvent, sans aboutir à des impossibilités
logiques, faire descendre l'homme des singes. Mais comme, d'un autre côté,

vons plusieurs fois le même argument, avec cette nuance significative que désormais le *singe* se trouve remplacé par l'*homme*.

« La disposition similaire des os, dit Darwin, dans *la main de l'homme*, dans l'aile de la chauve-souris, dans la nageoire du marsouin et dans la jambe du cheval,... et d'innombrables faits semblables *s'expliquent immédiatement d'eux-mêmes dans la théorie de descendance lentement et successivement modifiée* » (1).

Ailleurs le même argument est encore présenté à l'appui des idées générales du système, mais un personnage surnuméraire y paraît : c'est la taupe qui est citée aussi comme se rattachant à l'homme par un caractère de famille.

« Quoi de plus curieux, nous dit Darwin, que de voir la *main de l'homme*, formée pour saisir, la griffe de la taupe, qui sert à creuser, la jambe du cheval, la nageoire du marsouin et l'aile de la chauve-souris, construits sur le même plan et présentant les mêmes os dans la même position relative ?

» Rien de plus vain que d'essayer d'expliquer ce plan similaire dans les membres de la même classe par une raison d'utilité ou par la doctrine des causes finales... Nous pouvons seulement dire qu'il en est ainsi ; qu'il a plu au

le système exige qu'on fasse descendre l'homme de la bête, et que, parmi les bêtes, les singes sont celles qui s'éloignent le moins de l'homme, les darwinistes obéissent à une nécessité du système en nous rattachant aux singes. Voilà pourquoi tous les darwinistes purs, tous ceux qui suivent pleinement les principes du maître, lorsqu'ils traitent spécialement de l'homme, nous font descendre de quelque quadrumane vivant ou fossile ; voilà pourquoi, en fait, Darwin s'accorde parfaitement en ce point avec ses disciples, et vient de publier deux volumes, en attendant le reste, pour prouver que nous descendons d'un progéniteur *ape-like*, simoïde, si l'on nous permet ce néologisme.

Au reste, comme nous l'avons annoncé dès le début de cet article, nous ne nous occupons ici que du vrai darwinisme, c'est-à-dire, évidemment, du darwinisme de Darwin. Il y a, en effet, des naturalistes qui se disent darwinistes, tont en répudiant une part plus ou moins large des principes de la doctrine, et par conséquent, avant de les juger, il faut s'assurer de ce qu'ils disent.

(1) « The similar frame work of bones in *the and of man*, wing of a bat, fin « of a pourpoise, and leg of the horse... and innumerable other such facts *at* « *once explain themselves on the theory of descent with slow and sligth successive* « *modifications.* » Ch. Darwin. *On the origin of species*, p. 567.

Créateur de construire tous les animaux et les plantes de chaque grande classe sur un plan uniforme ; mais cela n'est pas une explication scientifique.

» L'explication, au contraire, est manifeste d'après la théorie de la sélection de petites et lentes modifications, chacune d'elles étant profitable en quelque manière à la forme modifiée, et affectant souvent par corrélation d'autres parties de l'organisation... Si donc nous supposons que le *progéniteur ancien, l'archétype, comme on pourrait l'appeler, de tous les mammifères,* avait ses membres construits d'après le plan général actuel, nous pouvons aussitôt comprendre la signification toute naturelle de la construction homologue des membres de toute la classe » (1).

Ainsi, d'après les principes du darwinisme, non-seulement il est naturel d'expliquer cette identité de plan en admettant que l'homme, la taupe, le cheval, le marsouin et la chauve-souris descendent d'un ancêtre commun, mais toute autre explication est déclarée vaine et sans valeur scientifique.

Enfin, en un autre endroit de son *Traité,* Darwin fait une allusion à ce même argument favori. Mais cette fois l'homme, la chauve-souris et le veau marin sont seuls cités ensemble (2).

B. — Le cheval, la taupe, la chauve-souris et le veau

(1) « What can be more curious than that *the hand of a man*, formed
» for grasping, that of a mole for digging, the leg of the horse, the
» paddle of the porpoise, and the wing of the bat, should all be constructed
» on the same pattern, and should include similar bones in te same relative
» positions ?

« Nothing can be more hospeless than to attempt to explain this simi-
» larity of pattern in members of the same class, by utility or by the
» doctrine of final causes... We can only say that so it is ; that it has
» pleased the Creator to construct all the animals and plants in each great
» class on a uniform plan ; but this is not a scientific explanation.

« The explanation is manifest according to the theory of the selection
» of successive slight modifications, each modification being profitable in
» some way to the modified form, but often affecting by correlation
» other parts of the organisation... If we suppose that *an early progenitor,
» the archetype, as it may be called, of all mammals*, had its limbs con-
» structed on the existing general pattern, for whatever propose they
» served, we can at once perceive the plain signification of the homolo-
» gous construction of the limbs throughout the class. » Ch. Darwin. *On
the origin of species*, p. 516-517.

(2) Cf. Ch. Darwin. *On the origin of species*, p. 523.

marin appartiennent au groupe des *mammifères*. Par conséquent, l'argument développé tout à l'heure relativement à la main de l'homme tend seulement à nous donner pour ancêtre le progéniteur ancien, l'archétype, comme Darwin l'appelle, de tous les mammifères. Mais les arguments qui, dans le *Traité de l'origine des espèces*, regardent spécialement l'homme ne s'arrêtent pas là.

Partant des faits mis en lumière par Von Baer dans l'étude du développement des animaux, Darwin, après avoir signalé la ressemblance embryonnaire des mammifères, des oiseaux, des lézards, etc., constate en particulier, que *les pieds des lézards et des mammifères, les ailes et les pieds oiseaux, en même temps que* LES MAINS ET LES PIEDS DE L'HOMME, *tout dérive de la même forme fondamentale* (1), de telle sorte que, durant l'âge embryonnaire, lors des premières phases de la formation des membres, ces différents animaux ne pourraient être distingués entre eux.

Or, Darwin expose longuement, dans le développement de sa théorie, que ces ressemblances embryonnaires chez des animaux si complétement différents à l'état adulte s'expliquent par la supposition que tous ces êtres descendent d'un même progéniteur ancien, chez qui les différences tranchées de ses descendants adultes ne se sont prononcées qu'à un âge assez avancé, auquel elles continuent de reparaître par hérédité (2).

C'est là, d'après les vues du darwinisme, une conclusion certaine.

« Lorsque, dit Darwin en termes exprès, deux ou plusieurs groupes d'animaux, quelles que soient d'ailleurs les différences actuelles de leur organisation et de leurs habitudes, passent par des phases embryonnaires étroitement similaires, nous pouvons tenir pour certain qu'ils sont tous descendus d'une forme-mère, et que, par conséquent, ils sont étroitement parents. Ainsi une structure embryonnaire commune révèle une souche primitive également commune » (3).

(1) Ibid. p. 522.
(2) Cf. Ch. Darwin, *On the origin of species*, p. 520-525.
(3) « In two or more groups of animals, however much they may differ from each other in structure and habits, if they pass through closely similar embryonic stages, we may feel assured that they all are descended from one

D'après le *Traité de l'origine des espèces*, les ressemblances embryonnaires indiquées n'établissent donc pas seulement notre parenté avec tous les mammifères, mais encore avec les *oiseaux* et les *reptiles*.

C. — Darwin va plus loin encore dans cette analyse sommaire de l'homme. D'après son système, nous portons des caractères de famille qui établissent que nous avons un progéniteur commun aux *poissons*. Voici ce nouvel argument.

Les anatomistes s'accordent généralement à considérer la vessie natatoire des poissons comme représentant le poumon des classes supérieures des vertébrés. Ce sont, selon le langage de la science, des organes *homologues*.

Or, d'après Darwin, cette homologie s'explique ainsi :

Dans les transformations successives que subissent les animaux, il arrive souvent qu'un organe, destiné d'abord à un usage particulier, finit par s'accommoder à remplir des fonctions toutes nouvelles, et subit, en conséquence, des modifications plus ou moins profondes. Le poumon, dans cet ordre d'idées, ne serait qu'une vessie natatoire transformée.

« D'après ce point de vue, nous dit l'auteur de l'*Origine des espèces*, on peut conclure que tous les vertébrés qui possèdent de vrais poumons, sont descendus, par voie de génération ordinaire, d'un prototype ancien et inconnu, fourni d'un appareil flotteur ou vessie natatoire. Nous pouvons de la sorte, ainsi que je le conclus d'une intéressante description de ces parties donnée par Owen, comprendre le fait étrange que chaque parcelle de nourriture solide ou liquide que NOUS avalons, doit passer sur l'orifice de la trachée, au risque de tomber dans les poumons, nonobstant l'admirable combinaison au moyen de laquelle se ferme la glotte » (1).

" parent form, and are therefore closely related. Thus community in embryonic
" structure reveals community of descent. " Ch. Darwin, *On the origin of species*, p. 534,

(1) " According to this view it may be inferred that all vertebrate animals with true have descended by ordinary generation from an ancient
" and unknown prototype, which was furnishéd with a floating apparatus
" or swimbladder. We can thus, as I infer from Owen's interesting description of these parts, understand the strange fact that every particle
" of food and drink which WE swallow has to pass over the orifice of
" the trachea, with some risk of falling into the lungs, notwithstanding
" the beautiful contrivance by which the glottis is closed. " Ch. Darwin.
On the origin of species, p. 229.

C'est donc parfaitement clair. D'après ce passage du *Traité,* nous descendons d'un progéniteur aquatique, fourni d'une vessie natatoire dont nos poumons sont une transformation, et c'est par suite de cette adaptation, faite après coup, que NOUS sommes parfois exposés à avaler de travers.

Nous voilà donc enfin rattachés au progéniteur commun de tous les vertébrés. Nous pourrions logiquement descendre plus bas, mais comme nous ne nous occupons ici que des arguments où l'homme intervient *nominativement,* et qui figurent déjà dans le *Traité de l'origine des espèces,* nous nous arrêterons à cette conclusion :

DARWIN, DANS L'EXPOSÉ DE SON SYSTÈME, PROFESSE EN TERMES FORMELS ET ESSAIE DE PROUVER QUE L'HOMME A POUR ANCÊTRE UN PROGÉNITEUR COMMUN A TOUS LES VERTÉBRÉS.

Il y a plus : Darwin ne pouvait, sans inconséquence, exclure l'homme de son système. Non-seulement les expressions générales dont il se sert impliquent cette extension, mais encore la nature des arguments qu'il emploie. Du moment, en effet, que l'on pose en principe qu'il suffit d'avoir constaté chez différents êtres organisés, l'homologie de structure d'un organe quelconque ou des phases embryonnaires semblables pour pouvoir en conclure qu'ils ont une origine commune, il n'y a pas moyen de s'arrêter en face de l'homme. Personne, en effet, n'a jamais songé à nier les affinités anatomiques évidentes qui rattachent l'homme aux mammifères et même aux vertébrés en général. Les principes de la théorie étant posés, Darwin ne pourrait donc, sans manquer à la logique, donner à l'homme un autre progéniteur que celui de tous les vertébrés. Son système le lui défend absolument.

On comprend donc que, dans l'introduction historique à l'exposé de sa théorie, Darwin ait cité avec éloge, comme un de ses précurseurs, Lamark qui *enseigne que toutes les espèces,* Y COMPRIS L'HOMME, *sont descendues d'autres espèces* (1).

Mais si l'homme n'est que le résultat du perfectionnement lent des organismes inférieurs, il faut, de la même manière, expliquer par la *sélection naturelle,* la formation

______

(1) « He upholds the doctrine that all species, *including man*, are descended « from other species. » Ch. Darwin, *On the origin of species,* p. XV.

de son intelligence ; et celle-ci ne sera que le perfectionnement graduellement acquis des facultés des animaux que
Darwin appelle *psychiques* ou *mentales*.

Telle est, en effet, la doctrine clairement professée dans
l'*Origine des espèces*. C'est ainsi que Darwin invoque dans
cet ouvrage, parmi les auteurs qui lui sont favorables, l'autorité de M. Herbert Spencer, qui *a traité de la psychologie
en partant du principe que chaque faculté mentale doit nécessairement avoir été acquise par degrés* (1).

Il y a plus : Darwin entrevoit précisément dans l'avenir,
comme un des grands résultats de sa théorie, la réforme de
la psychologie, en même temps que l'acquisition des résultats les plus importants pour l'histoire de l'homme. « La
psychologie, dit-il, s'appuiera sur une nouvelle base, c'est-
à-dire sur l'acquisition nécessairement graduelle de chaque
faculté mentale. Une abondante lumière sera répandue sur
l'origine de l'homme et son histoire » (2).

Ce seul passage du *Traité de l'origine des espèces* suffirait à établir que Darwin n'a jamais entendu éliminer
l'homme du champ de sa théorie. Lui-même en fait la remarque dans son nouvel ouvrage sur *l'origine de l'homme*.

Après avoir dit que la publication de ce dernier travail
n'entrait pas d'abord dans ses vues, il ajoute :

« Il me paraissait suffisant d'indiquer, dans la première
édition (3) de mon « *Origine des espèces,* » qu'au moyen de
cet ouvrage *une abondante lumière serait répandue sur
l'origine de l'homme et son histoire.* Ces termes impliquent,
en effet, que l'homme, en ce qui regarde le mode de son
apparition sur la terre, doit entrer dans une même formule
générale avec les autres êtres organisés » (4).

(1) The author (1855) has also treated Psychology on the principle of
« the necessary acquirement of each mental power and capacity by gradation. »
Ch. Darwin. *On the origin of species*, p. XXI.

(2) « Psychology will be based on a new foundation, that of the necessary
« acquirement of each mental power and capacity by gradation. Light will be
« thrown on the origin of man and his history. » Ch. Darwin, *On the origin of
species*, p. 577-578.

(3) Les éditions suivantes présentent également toutes ce passage.

(4) « It seemed to me sufficient to indicate, in the first edition of my
« *Origin of species,* », that by this work « *light would be thrown on the origin of
« man and his history* »; and this implies that man must be included with other

Effectivement ce passage était parfaitement clair.

A moins de nier l'évidence, il est donc surabondamment prouvé que Darwin a toujours, dans son système, professé expressément deux choses par rapport à l'homme : 1° son origine bestiale, 2° et, comme conclusion nécessaire, l'acquisition lente de ses facultés intellectuelles par le développement progressif des facultés *psychiques* des animaux.

Nous dirons même davantage. Dans l'ouvrage considérable que Darwin vient de publier sur l'origine de l'homme, il n'y a pas une idée, ni un argument nouveau en faveur de sa thèse. Tout l'ouvrage n'est autre chose que le développement des principes généraux ou des quelques arguments particuliers déjà indiqués dans le *Traité de l'origine des espèces,* et que nous venons de signaler.

V.

Il y a donc eu méprise chez les écrivains qui ne considèrent pas le darwinisme comme impliquant essentiellement l'origine bestiale de l'homme.

Sous ce rapport, il est vrai, on trouve parfois des expressions équivoques chez les interprètes les plus fidèles de la pensée de Darwin. Clémence Royer, entre autres, en parlant de l'*Origine des espèces,* dit expressément que Darwin *a tacitement réservé la question de l'origine probable de notre espèce* (1). Mais il s'agit là de toute autre chose.

Étant admis comme certain que l'homme descend de la bête, on peut se demander quels sont, parmi les animaux, nos ancêtres *immédiats.* Sur ce point les disciples de Darwin ont développé longuement nos affinités avec les singes, mais ils ont souvent avoué n'avoir jusqu'ici obtenu que des résultats *probables.* Or, cette question, Darwin, dans l'exposé de son système, ne la traitait même pas. En un mot, Darwin réservait complétement la question de notre origine *simienne,* mais il tranchait non moins complétement, comme

---

« organic beings in any general conclusion respecting his manner of appearance « on this earth. » Ch. Darwin, *The descent of man , and selection in relation to sex,* vol. I, p. 1, London 1871.

(1) Cf. Clémence Royer, Préface de la 1re édition de la traduction française de l'*Origine des espèces,* p. XXXIX, XL. Paris, 1866.

tous ses disciples, la question de notre origine *bestiale*. Quant à la détermination de nos ancêtres *immédiats*, il l'attendait de recherches ultérieures, au moyen desquelles, d'après lui, le darwinisme répandrait *une abondante lumière sur l'origine de l'homme et son histoire* (1). C'est cette lumière que Darwin essaie maintenant de nous apporter par la publication de son livre sur *l'origine de l'homme*.

Il ne faut donc pas non plus se méprendre sur la portée de cette assertion que l'on rencontre souvent : *L'origine bestiale de l'homme n'est qu'une application, une conséquence du système de Darwin.*

Sans doute, puisque, dans la pensée de son auteur, le darwinisme rend compte de l'origine de toutes les espèces organisées, il est clair que, comme conséquence, cette doctrine s'applique également à l'homme, qui doit descendre d'un progéniteur commun à tous les vertébrés. Seulement il n'est pas moins exact d'envisager, comme une simple conséquence du système, l'origine commune de deux espèces quelconques appartenant à un même groupe animal. Ces conséquences sont renfermées dans le système, comme tous les cas particuliers sont compris dans une proposition universelle; et de même que la proposition universelle cesserait d'être telle si elle ne s'appliquait à tous les cas particuliers qu'elle implique, de même aussi le darwinisme ne serait plus le darwinisme s'il ne s'appliquait pas à l'homme. Ce serait une théorie distincte, différente, en des points essentiels, du système du naturaliste anglais.

Voilà donc le darwinisme dans ses rapports avec l'origine de l'homme !

Nous nous sommes, pour le moment, borné à dessein à l'exposer tel qu'il est formulé par son auteur, sans le discuter et sans descendre dans le détail des conséquences logiques qu'il implique nécessairement. Nous croyons inutile d'ailleurs de nous appesantir à montrer combien ces vues s'écartent des traditions bibliques sur l'origine de l'homme (2). Il est cependant une conséquence sur laquelle nous devons fixer particulièrement l'attention.

(1) « Light will be thrown on the origin of man and his history. » Ch. Darwin, *On the origin of species*, 578.

(2) Peut-être nous objectera-t-on l'opinion du docteur Reusch dans son important ouvrage *Bibel und Natur*.

On lit, en effet, dans la 2e édition de ce livre :

D'après le darwinisme, l'homme n'est arrivé à la haute perfection qui le distingue des autres animaux que par la

« Supposé que la théorie de Darwin pût être demontrée exacte,... n'y aurait-il pas alors contradiction entre la Bible et les sciences naturelles ? Je ne le pense pas (*Also vorausgesetst, Darwins Theorie liesse sich als richtig erweisen... würde dann nicht ein Widerspruch zwischen Bibel und Naturforschung vorhanden sein? Ich glaube nicht.* Zweite Auflage, p. 356. Freiburg in Brisgau, 1866.) »

Et un peu plus loin :

« Je ne m'associe donc pas aux plaintes de ceux qui signalent la théorie de Darwin comme une tentative nouvelle pour ruiner, au moyen des sciences naturelles, l'autorité de la Bible. Dans la théorie elle-même il n'y a rien qui puisse être nuisible à la Bible, et dans la manière dont l'expose Darwin je trouve peu de chose à reprendre (*Ich stimme nicht in die Klagen derjenigen ein, welche die Darwin'sche Theorie als einen neuen Versuch bezeichnen, auf naturwissenschaftlichem Wege die Auctorität der Bibel zu untergraben. In der Theorie selbst liegt nichts, was der Bibel gefährlich sein könnte, und auch in der Art und Weise, wie Darwin dieselbe vorträgt, finde ich wenig Anstössiges.P. 357.) »*

Enfin, d'après Reusch, Darwin est autorisé à dire effectivement que rien dans les vues qu'il expose dans son *Origine des espèces* n'est de nature *à blesser les sentiments religieux de qui que ce soit (Ich denke, er darf sagen, etc. Ibidem).*

Mais il est facile de reconnaître que cette appréciation bienveillante, à l'endroit du darwinisme, repose précisément sur la méprise que notre article a pour but de faire disparaître.

Le docteur Reusch, en effet, dans l'analyse qu'il présente de la doctrine de Darwin, ne dit pas un mot de l'homme, et dans le chapitre suivant : *Mensch und Thier*, il combat longuement et énergiquement les disciples de Darwin qui nous font descendre des singes. Et à propos des recherches généalogiques qui ont été faites pour rattacher l'homme aux animaux, il dit, en parlant du *Traité de l'origine des espèces* : « Dans ce livre lui-même il n'y a PAS UN MOT de la question (In diesem selbst wird die Frage mit KEINEM WORTE berührt, p. 364.) ». Il dit encore d'une manière absolue dans un article du journal *Theologisches Literaturblatt* (2 Jahrgang, nᵒ 25. p. 888), que Darwin n'a pas fait l'application de sa théorie à l'homme : *Die von Darwin nicht gemachte Anwendung auf den Menschen.*

Or, c'est là, nous venons de l'établir en n'envisageant que le texte même de l'*Origine des espèces*, une erreur indiscutable.

Aussi des observations lui ayant été faites sur l'inexactitude du jugement favorable qu'il portait sur le darwinisme, nous savons que le savant professeur de Bonn a immédiatement déclaré que le jugement émis par lui ne supposait pas l'extension de la théorie de Darwin à l'homme. Il a d'ailleurs annoncé en termes exprès son intention de faire une réserve formelle à ce sujet dans une prochaine édition. Nous tenons sous les yeux le texte même de sa lettre.

En effet, dans la troisième édition de son livre, qui a paru l'année dernière, les expressions favorables à Darwin, citées plus haut, ont été complétement

lente et graduelle acquisition des particularités physiques
et des facultés intellectuelles qui le caractérisent. Il a *commencé* par être *aussi peu que possible* supérieur à la brute.

Selon Häckel, *la transformation graduelle des singes anthropoïdes* EN HOMMES VÉRITABLES (ZU WIRKLICHEN MENSHEN) *eut lieu avec tant de lenteur et d'une manière si insensible que l'on ne peut en aucune façon parler* D'UN PREMIER HOMME (VON EINEM ERSTEN MENSCHEN) (1).

C'est là, en effet, une conclusion évidente de l'exposé que fait Darwin de l'action de la sélection naturelle et des innombrables variétés intermédiaires dont il proclame la nécessité pour passer d'une espèce à l'autre. Sous ce rapport encore le nouvel ouvrage de Darwin n'avait rien à nous apprendre, malgré les développements étendus qu'il nous apporte.

Or, cet état aussi brutal que possible de l'espèce humaine à son apparition est le contre-pied manifeste de la doctrine catholique sur l'état de perfection physique, intellectuelle et morale, dans lequel se trouvaient d'abord nos premiers parents. L'histoire de la chute primitive et le péché originel qui en est la suite ne sont plus, d'après ces vues, qu'une fable absurde, qui se trouve remplacée par le fait d'un progrès continu.

---

snpprimées. Et dans le chapitre XXVI, on trouve une déclaration des plus formelles sur l'impossibilité de concilier avec les doctrines chrétiennes l'origine bestiale de l'homme, proclamée par les darwinistes.

« S'il était vrai, dit Reusch, antant qu'il est faux, que l'origine bestiale de
« l'homme soit un résultat acquis de la science positive,...les enseignements du
« christianisme sur la création et l'état primitif de l'homme seraient radicale-
« ment écartés (*Wäre es so wahr, wie es unwahr ist, das die Abstammung des*
« *Menschen vom Thiere,* « *ein Ergebniss der strengen Wissenschaft* » *sei, so*
« *würden damit... die christlichen Lehren von der Schöpfung und dem Urzustande*
« *des Menschen gründlich beseitigt werden.* Dritte Auflage, p. 360-361. Freiburg in Brisgau, 1870).»

Il n'y donc plus de méprise possible sur la pensée du docteur Reusch. Et il est facile de s'assurer que les rares écrivains catholiques qui l'ont suivi pour décerner au système de Darwin un brevet d'orthodoxie, ont versé dans la même erreur de fait : ils supposent que le darwinisme n'implique pas l'origine bestiale de l'homme.

(1) Cf. Ernst Häckel, *Generelle Morphologie*, II Band, p. 431. Berlin, 1866.

ARTICLE II.

Je regarde cette doctrine (le darwinisme) comme
contraire aux vraies méthodes' dont l'Histoire
naturelle doit s'inspirer, comme pernicieuse et
fatale aux progrès de cette science.

Agassiz.

Dans notre premier article nous nous sommes attaché à
déterminer la portée essentielle du darwinisme relativement
à l'*origine de l'homme*. Nous voulons maintenant, dans les
limites que nous nous sommes imposées, examiner la
valeur scientifique de ce système.

Notre but principal étant d'ailleurs de défendre la création indépendante de l'homme et de lui conserver sa place
à part dans la nature, nous pourrions, à la rigueur, nous
contenter de montrer que, même en admettant d'une manière
plus ou moins générale les vues de Darwin sur les lois de
la variation des espèces, il est cependant impossible, dans
ce système, d'expliquer d'une manière acceptable le passage,
par voie de filiation ordinaire, de la brute à l'homme, quoique logiquement tout darwiniste pur doive l'admettre.

Il ne manque pas, en effet, de savants qui, tout en par-
tageant, dans une certaine mesure, les vues et les idées de
Darwin, sont loin de leur accorder la valeur et la portée
qu'elles ont dans le système. Tel est, par exemple, Bischoff,
le professeur de Munich. Quoiqu'il se déclare partisan
convaincu et enthousiaste de l'influence de la *sélection naturelle* et de la *concurrence vitale* dans le développement des
êtres organisés, il se prononce cependant contre l'extension
que donne Darwin à cette influence.

« Nous pourrons seulement dire, déclare Bischoff, qu'il

3

est démontré pour quelques plantes et animaux qu'il y a lieu de les considérer comme des *formes de développement* de plantes et animaux plus simples qui les ont précédés; mais que tel soit le cas pour *toutes* les plantes et les animaux, cela n'est pas le moins du monde démontré par la théorie de Darwin, ni même rendu purement vraisemblable (1). »

On peut même rencontrer des naturalistes qui considèrent tous les animaux inférieurs à l'homme comme dérivés peut-être d'un certain nombre de souches primitives, mais qui s'arrêtent vis-à-vis de l'espèce humaine. Entre l'homme et la brute, ils constatent l'existence d'un abîme infranchissable, et par suite se refusent à admettre entre eux aucun lien de filiation généalogique.

C'est, entre autres, la manière de voir de M. J. Hunt, président de la société anthropologique de Londres : « Le darwinisme, dit-il, peut être vrai appliqué à la zoologie ou à la botanique, mais il n'a pas pour lui *un seul fait* en anthropologie (2). »

Sans doute, entre ces systèmes et le darwinisme pur il n'y a pas d'assimilation possible, ni *sous le rapport scientifique*, ni *au point de vue des traditions bibliques*.

Et en effet ces systèmes envisagés exclusivement comme corps de doctrine scientifique se distinguent notablement de celui de Darwin. Pour Darwin toute homologie de structure chez les êtres organisés, toute phase embryonnaire similaire, tout organe rudimentaire chez certains animaux et parfait chez d'autres, tout cela *pris isolément* est une preuve suffisante pour établir entre ces êtres une communauté d'origine, quels que soient d'ailleurs les *hiatus* consi-

---

(1) « Wir werden nur sagen können : es ist für einzelne Pflanzen und Thiere » erwiesen, dass sie als *Entwicklungsformen* anderer, ihnen früher vorausgegangener einfacherer Pflanzen und Thiere zu betrachten sind; aber dass dieses » für *alle* Pflanzen und Thiere gelte, das ist durch die Darwinsche Lehre nicht » im mindesten erwiesen oder auch nur absolut wahrscheinlich gemacht. » Th. L. Bischoff. *Ueber die Verschiedenheit in der Schädelbildung des Gorilla, Chimpansé und Orang-Outan, vorzüglich nach Geschlecht und Alter, nebst einer Bemerkung über die Darwinsche Theorie.* p. 87. München, 1867.

(2) J. Hunt, citation de E. Dally, *L'ordre des primates et le transformisme*, . 36. Paris 1868.

dérables qui les séparent. Les travaux d'Häckel, ceux de Darwin pour établir la généalogie de l'homme ne connaissent pas d'autre méthode. Il y a plus : parfois l'apparition accidentelle d'un phénomène insignifiant, considéré par eux, bien gratuitement, comme un cas de *réversion* (1), est pour les darwinistes un moyen de retrouver un rameau quelconque de l'arbre généalogique d'une espèce animale (2).

Au contraire, pour les naturalistes qui n'admettent que partiellement les vues de Darwin, les principes posés par le savant anglais n'ont pas une valeur absolue; ils ne sont que des éléments d'induction plus ou moins probable pour· décider de la parenté des espèces animales. Avant de se prononcer sur les affinités généalogiques qui peuvent relier deux espèces animales, ces naturalistes les comparent *sous tous les rapports*, et si, à certains égards, elles se séparent trop profondément, ils rejettent comme invraisemblable leur parenté commune; tandis que les darwinistes purs, par une méthode facile, décident immédiatement que, par exemple, deux animaux vertébrés quelconques, *par cela seul qu'ils sont vertébrés*, descendent d'un même progéniteur ancien. Évidemment la première méthode est plus philosophique, et se concilie mieux avec les principes de critique sérieuse qui doivent régner dans la science.

La différence n'est pas moins profonde au point de vue des rapports de ces systèmes divers avec les traditions bibliques sur l'origine de l'homme. Évidemment les naturalistes qui, tout en reliant ensemble par des liens de parenté réelle des groupes plus ou moins considérables du règne animal, reconnaissent l'impossibilité de rattacher généalogiquement l'homme aux animaux, et, s'inclinant ainsi devant sa majesté et sa grandeur, lui attribuent une création spéciale, ces naturalistes ne peuvent en aucune façon être considérés comme des adversaires par les écrivains catholiques.

(1) On appelle *réversion* la réapparition chez un être vivant d'un caractère ancien de la souche, lequel s'était effacé. C'est ainsi que, lorsque nos animaux domestiques retournent à l'état sauvage, il y a chez eux un peu à la fois réversion aux caractères primitifs de l'espèce, caractères que la domesticité avait modifiés. Cf. Ch. Darwin, *On the origin of species*, p. 15. *London*, 1869.

(2) Cf. Ch. Darwin, *The descent of man and selection in relation to sex*, vol. I, . 22-23. London, 1871.

Cependant, même dans ces limites, nous considérons les vues de Darwin comme scientifiquement inadmissibles. Nous croyons qu'en nous maintenant sur le terrain de la science positive, l'hypothèse de la mutabilité des espèces n'est pas une théorie acceptable; et le système de Darwin ne réussit pas mieux que les autres à la rendre vraisemblable. Nous ne nions pas, d'ailleurs, que les influences exposées par Darwin comme modificatrices des espèces ne puissent avoir une large part d'action dans la formation des races, concurremment à l'influence des milieux, que Darwin, de l'aveu même de plusieurs de ses partisans, n'a pas mise suffisamment en lumière.

Mais en ce qui regarde les espèces, si Darwin mieux qu'aucun autre a montré combien elles peuvent parfois être variables dans les limites de la race, la distinction qui les sépare ne reste pas moins, à notre avis, un fait primordial; et, sans contredit, le darwinisme est insuffisant à expliquer leur origine. C'est ce que nous essaierons d'établir.

I.

Avant tout, nous avons à exposer d'une manière sommaire le système de Darwin.

A en croire cet auteur, tous les êtres vivants qui peuplent la terre, les plantes, les animaux et l'homme, descendent de quelques types, ou plus vraisemblablement d'un seul type. Si l'on se reporte par la pensée à la première aube de la vie sur notre globe, on trouvera, pour la souche du règne organique, un être tellement infime dans sa structure, tellement peu déterminé dans ses caractères, qu'il ne pouvait être rattaché ni aux plantes ni aux animaux. C'était, si l'on veut, une simple cellule vivante ou moins encore. Et pourtant entre ces êtres infimes il y avait déjà lutte pour se disputer les ressources de la vie. Lorsque, par hasard, l'un ou l'autre offrit une modification accidentelle qui pouvait lui être utile, il la transmit à ses descendants, et les mieux favorisés sous ce rapport, grâce à cette modification avantageuse de plus en plus accentuée, finirent par supplanter dans le combat pour la vie leurs concurrents moins bien doués. Selon l'expression de Darwin, les uns étaient *élus,* les autres *exterminés.* De la sorte des êtres de plus en plus appropriés à leurs conditions de vie apparurent successivement sur la terre ; et c'est ainsi que d'un berceau informe sont enfin sortis cette flore et cette faune que nous admirons, et dont l'homme est le couronnement.

Il y a donc dans le darwinisme un point essentiel commun à toutes les théories transformistes : c'est la supposition que toutes les espèces sont dérivées les unes des autres par un travail de transformation progressive. Or, en tant qu'il implique la descendance de tous les êtres vivants d'une ou de quelques souches primitives, le darwinisme n'est pas une doctrine neuve, de telles idées ayant été présentées bien des fois, notamment par Lamarck (1) ; mais ce qui forme des vues de Darwin un système à part, ce sont les lois *particulières* par lesquelles ce naturaliste prétend expliquer la dérivations des espèces (2).

Indiquons donc ces lois particulières.

D'après ce que nous venons de dire plus haut, il y a deux principes fondamentaux dans le darwinisme.

Premièrement, toutes les variations utiles, si petite qu'elles soient, que possède un être vivant, tendent à assurer à ses descendants qui en héritent de plus grandes chances de durée et de propagation. C'est là ce que Darwin appelle la *sélection naturelle, natural selection,* parce que les êtres ainsi favorisés sont comme *élus, choisis* par la nature pour être maintenus à l'existence.

Secondement, les êtres moins bien doués dans la lutte pour l'existence, dans cette concurrence vitale que Darwin appelle *le combat pour la vie, the struggle forlife,* disparaissent plus ou moins vite sans laisser de postérité durable. Le combat pour la vie est donc la condition préalable indispensable pour que la sélection naturelle puisse s'exercer.

A ces deux principes fondamentaux se joignent des lois accessoires.

Mais nous ne pouvons nous arrêter, sous ce rapport,

---

(1) Cf. J. Lamarck, *Philosophie zoologique,* Paris 1809. — *Histoire naturelle des animaux sans vertèbres* (Introduction). Paris, 1815.

(2) Cf. Ernst Häckel, *Natürliche Schöpfungsgeschichte,* p. 107, 108 et alibi passim. 2te Auflage, Berlin, 1870.

aux causes *inconnues* auxquelles Darwin, dans les dernières éditions de l'*Origine des espèces* et dans l'*Origine de l'homme*, fait un large appel pour suppléer à l'insuffisance de sa théorie.

« Nous devons admettre, nous dit-il, que l'organisation de l'individu est capable, sous certaines conditions, et *en vertu des lois propres de sa croissance*, de subir de grandes modifications indépendamment de l'accumulation graduelle de légères modifications dues à l'hérédité. Diverses particularités morphologiques doivent probablement recevoir cette explication, à laquelle nous recourrons encore (1). »

Et dans l'*Origine de l'homme* : « Nous ne savons pas, nous dit-il, ce qui produit les innombrables différences légères qui séparent les individus de chaque espèce, car la réversion ne fait que ramener le problème à quelques degrés en arrière; mais *chaque particularité doit avoir eu sa propre cause efficiente*. Si ces causes, *quelles qu'elles puissent être*, venaient à agir d'une manière plus uniforme et plus énergique durant une longue période (et il n'y a pas de raison assignable pour qu'il n'en ait pas été quelquefois ainsi), le résultat serait probablement non pas de pures différences légères individuelles, mais des différences bien marquées, de constantes modifications (2). »

Evidemment un appel vague *aux lois propres de la croissance*, lois qu'on ne détermine pas du tout; un appel à des causes inconnues, *quelles qu'elles puissent être*, n'est pas une

______

(1) « We must admit that the organisation of the individual is capable « *through its own laws of growth*, under certain conditions, of undergoing great « modifications, independently of the gradual accumulation of slight inherited « modifications. Various morphological differences probably come under this « head, to which we shall recur. » Ch. Darwin. On the *origin of species*, p. 151. London, 1869.

(2) « We know not what produces the numberless slight differences between « the individuals of each species, for reversion only carries the problem a few « steps backwards; but *each peculiarity must have had its own efficient cause.* « If these causes, *whatever they may be*, were to act more uniformly and energetically during a lengthened period (and no reason can be assigned why « this should not sometimes occur), the result would probably be not mere « slight individual differences, but well marked, constant modifications. » Ch. Darwin. *The descent of man and selection in relation to sex*, vol. I, p. 153. London, 1871.

explication scientifique. Il n'y a là rien que nous puissions discuter, puisque rien n'est précisé. Ces additions à l'exposition primitive du système prouvent tout simplement que Darwin lui-même sent la force de quelques-unes, du moins, des difficultés que soulève sa théorie, et qu'il est impuissant à les résoudre.

Mais nous devons mentionner deux lois accessoires.

Ainsi, d'après l'observation, lorsqu'une modification accidentelle apparaît dans telle ou telle partie de l'organisme, elle entraîne parfois comme conséquence des modifications correspondantes dans d'autres parties. C'est là un fait souvent invoqué par Darwin, et qu'il appelle *variation corrélative* ou *corrélation de croissance*.

Enfin, à côté de la sélection naturelle qui agit dans l'intérêt de l'individu en conservant les modifications propres à lui assurer le succès final dans la lutte pour l'existence, se place, d'après Darwin, la *sélection sexuelle*. Celle-ci n'est que la conservation, chez ses descendants, des avantages qui assurent à l'être organisé de plus grandes chances dans la propagation de l'espèce, quoique pourtant ils ne tendent pas à lui assurer à lui-même une existence plus longue.

La *sélection naturelle* dans la *concurrence vitale*, la *corrélation de croissance* et la *sélection sexuelle* : voilà donc les facteurs principaux du darwinisme. Le résultat final du jeu de ces lois est l'acquisition par les êtres vivants soit de modifications utiles, soit de modifications corrélatives à celles-là, et l'appropriation de plus en plus parfaite des formes organiques aux conditions complexes de leur existence. Nous ne possédons aucun organe qui n'ait été ainsi lentement acquis parce qu'il nous était utile de l'acquérir. C'est par les effets lentement accumulés de la sélection naturelle que nous sommes maintenant pourvus de cheveux, d'ongles aux extrémités des doigts, d'une bouche, d'oreilles, et ainsi de tous nos autres organes; et, en remontant suffisamment dans la nuit des temps, nous retrouverions quelque part quelqu'un de nos arrière-aïeux qui n'avait rien de tout cela.

Telle est la doctrine qui, sous le nom de darwinisme, prétend, par une genèse commune, expliquer d'une manière *certaine* l'origine tout au moins d'un même embranchement, et d'une manière *probable* celle de l'empire organique tout entier.

Il résulte donc de cette exposition qu'il se présente une double voie pour la réfutation du darwinisme. On peut en faire la critique tout à la fois dans les points qui lui sont communs avec toutes les hypothèses transformistes, et dans les lois qui lui appartiennent en propre. Nous suivrons l'une et l'autre méthode.

II.

Hâtons-nous de le dire, dans les principes posés par Darwin il y a incontestablement du vrai; mais la portée qui leur est donnée est complétement inadmissible.

Ainsi tout le monde sait bien que les animaux et les plantes peuvent varier, et que les variations utiles accroissent les chances de durée chez l'individu qui les présente. Tout le monde sait également que les modifications accidentelles, offertes par les parents, tendent à se transmettre à leurs descendants. L'art des éleveurs et des horticulteurs, dans la création des races animales ou végétales, ne repose que sur l'observation de ce dernier fait, et ce sont surtout les résultats obtenus par les procédés de la *sélection artificielle*, qui ont inspiré à Darwin son système. Mais il y a à cette assimilation de la sélection naturelle et de la sélection artificielle deux vices essentiels.

Et d'abord la sélection artificielle, dans les croisements des animaux et des plantes, est un acte de la volonté libre de l'éleveur ou de l'horticulteur, un acte *intelligent* et *calculé* en vue d'un but déterminé. La sélection naturelle, au contraire, n'est que le résultat d'un concours *fortuit* de circonstances dans la concurrence vitale. Il n'y a donc logiquement aucune assimilation possible dans les deux cas; il n'est pas possible d'attendre des combinaisons de l'intelligence et de purs hasards des effets comparables.

De plus, Darwin explique par la sélection naturelle l'origine de toutes les espèces. Les effets de la sélection naturelle dépasseraient donc immensément ceux que l'on obtient par la sélection artificielle qui ne vise qu'à produire des races. Par conséquent, pour que les variations imagi-

nées par Darwin aient pu à la fin produire, en partant
d'une simple cellule vivante ou de. quelques formes types
primitives, les magnificences actuelles du monde organique,
il ne suffit pas que les êtres vivants puissent varier, comme
ils le font, au moyen de la sélection artificielle, il faut qu'ils
puissent varier indéfiniment. Or, cette hypothèse est en
opposition avec les faits les mieux constatés en histoire naturelle (1).

Les espèces animales sont restées immuables depuis les
temps historiques les plus reculés. Nos lecteurs savent, par
exemple, que les anciens Égyptiens avaient l'habitude d'em-
baumer, avec un soin extrême, non seulement leurs morts,
mais encore une foule d'animaux, qu'ils déposaient dans
leurs hypogées, où on les retrouve à l'état de momies. On
a rapporté en Europe des momies de toutes sortes : des
bœufs, des chiens, des chats, des ibis. A Londres, entre
autres, le *British Museum* renferme dans ses salles une
magnifique collection de momies. Eh bien! il n'est pas de
visiteur quelque peu observateur qui ne soit frappé de
l'étonnante et parfaite ressemblance de ces animaux momi-
fiés depuis des milliers d'années avec les animaux actuels.

Les végétaux conduisent à des résultats analogues, et il
n'est pas jusqu'aux ferments microscopiques développés
dans le jus du raisin qui n'aient dû rester les mêmes depuis les temps de Noé (2).

Ainsi le rôle prêté par Darwin à ce qu'il appelle la *sélection naturelle*, est une supposition non-seulement gratuite,
mais absolument démentie par tous les faits connus (3). La
stérilité immédiate ou prochainement consécutive qui affecte les croisements entre espèces voisines prouve qu'au
fond elles sont irréductibles entre elles.

(1) Cf. D.-A. Godron, *De l'espèce et des races dans les êtres organisés et spécialement de l'unité de l'espèce humaine.* 2 vol. Paris, 1859.

Herm. Hoffman, *Untersuchungen zur Bestimmung des Werthes von Species
und Varietät. Ein Beitrag zur Kritik der Darwin'schen Hypothese.* Giessen,
1869.

(2) Cf. W.-F.-A. Zimmermann. *L'homme,* (traduct'on française sur la hui-
tième édition allemande), p. 87. Bruxelles-Paris, 1864.

(3) Cf. Pictet. *Archives des sciences physiques et naturelles (Bibliothèque universelle de Genève),* tome VII, n. 27. Mars 1860, p. 233.

Aussi, pour arriver à ses fins le naturaliste anglais est-il obligé d'entasser suppositions sur suppositions. Tout l'ouvrage *Sur l'origine des espèces*, malgré la science considérable qui le distingue, n'est guère, on peut le dire, dans ce qu'il a de plus sensé et lorsqu'il n'aboutit pas à des contradictions manifestes, qu'un enchevêtrement de *pures possibilités*. Et le lecteur non prévenu finit par trouver fastidieuse cette série indéfinie de *si, peut-être, on peut supposer, on peut s'expliquer, il est possible, il n'est pas impossible, je puis concevoir*, et autres formules analogues qui forment vraiment la trame de cet ouvrage.

III.

La *concurrence vitale*, ce second pivot de la théorie de Darwin, est tout aussi insuffisante que la sélection naturelle pour rendre acceptable le système. En admettant que la concurrence vitale soit de nature à perfectionner, en général, les êtres organisés, comme le suppose Darwin, il resterait toujours à prouver au naturaliste anglais que ce perfectionnement peut aller au-delà des modifications de la race. Mais, en fait, un tel perfectionnement, dans ces conditions est généralement douteux, même dans les limites de la race. Trémaux, par exemple, quoique transformiste lui-même, le rejette complétement.

« M. Darwin suppose, il est vrai, nous dit-il, un effet de *concurrence vitale* qui remplirait, d'une manière inconsciente et permanente, cette fonction de scrutateur propre à détruire les êtres inférieurs. De ce côté, il nous semble être fortement en erreur, car la concurrence vitale est nuisible à tous les sujets, bons ou mauvais.

» Quand deux plantes ou deux animaux se gênent ou se disputent la vie, ils se nuisent mutuellement beaucoup plus qu'il n'y a de différence entre deux sujets de même espèce. Si l'un triomphe de l'autre, c'est simplement le moins mal traité qui conserve la victoire......

» En un mot, la concurrence vitale ne fait que tenir la puissance productrice des êtres, dont les germes sont toujours surabondants, en équilibre avec les ressources du sol. Et rien n'autorise M. Darwin à supposer que la très faible

différence d'action avec laquelle elle agit sur les individus d'une même espèce, soit supérieure à l'action de concurrence nuisible qui agit sur tous (1). »

IV.

Rien assurément de plus gratuit dans la science que les
idées de Darwin sur la *sélection sexuelle*. Considérons, par
exemple, le rossignol. Dans cette espèce le mâle charme la
femelle·par la beauté de son chant. Vous croyez peut-être
que le rossignol mâle a toujours été doué d'une telle aptitude? D'après Darwin, il n'en est rien. En reculant suffisamment dans la chaîne des temps, nous retrouvons tous
les rossignols, si toutefois ce nom doit leur être conservé,
également incapables de chanter, comme s'ils n'étaient que
de simples moineaux; mais par suite de la préférence des
femelles pour les rossignols qui laissaient percer un commen-
cement d'aptitude pour le chant, cette faculté s'est développée dans leurs descendants au point où nous la connaissons.
Et ainsi dans tous les cas analogues. C'est donc un instinct
musical, particulièrement développé chez certains oiseaux
femelles, qui a produit tout cela. Mais qu'en sait M. Darwin? Absolument rien, évidemment.

Quant à la *corrélation de croissance*, elle est un fait incontestable. Mais ce fait lui-même est une réfutation du
darwinisme. Du moment où l'organisation est la réalisation d'un plan conçu par le Créateur, la corrélation entre
les diverses parties du tout s'explique d'elle-même. Mais
comme, pour le darwinisme, de la forme typique primitive
sont sorties toutes les espèces sans aucun plan déterminé
d'avance (2), l'organisation n'est que la résultante de forces
aveugles, sans aucune combinaison intelligente, et par conséquent la corrélation de croissance, quoiqu'elle soit un fait,
n'en est pas moins dans les vues de Darwin un non-sens.

« Cela est une suite de la liaison des phénomènes organiques, nous dit Häckel, et particulièrement de l'unité qui
règle les rapports de nutrition entre toutes les parties de

(1) P. Trémaux. *Origine et transformation de l'homme et des autres êtres,*
p. 228-230. Paris, 1865.
(2) Cf. Ch. Darwin, *On the origin of species*, p. 517. London, 1869.

chaque organisme (1). » Nous n'en doutons pas ; mais cette
unité, dans tous les cas constatés de corrélation de croissance, conduit à des faits nettement déterminés qui ne sont
pas concevables en dehors de l'idée d'un plan réalisé dans
l'organisme. Or, sérieusement, tout cela est inconciliable
avec le darwinisme.

V.

Mais là ne se bornent pas les impossibilités sans issue
dans lesquelles s'engage le système de Darwin.

Ainsi que nous l'avons dit plus haut, depuis les temps
historiques nous ne voyons pas le moindre changement
dans les caractères distinctifs des espèces, et la description
du règne animal donnée par Aristote est encore aujour-
d'hui aussi exacte que possible. Pour parer à cette objection, Darwin est obligé de supposer que la transformation
des espèces s'est effectuée avec une extrême lenteur, en
sorte que toutes les périodes de l'histoire sont bien insuffisantes pour mettre en évidence la formation progressive de
nouveaux caractères spécifiques. Du moment, nous dit
le naturaliste anglais, qu'une modification si minime qu'elle
soit assure un avantage actuel quelconque à l'animal qui
en est pourvu, la sélection naturelle fixe cette modification,
et en accumulant de tels effets au moyen d'un nombre suffisant de milliers et de milliers d'années, on arrive aux résultats les mieux marqués et les plus considérables. Voilà
l'origine de l'organisation de tous les êtres qui peuplent la
terre.

En présence de la fixité que présentent les espèces dans
les temps historiques les plus reculés, la supposition de cette
extrême lenteur des effets de la sélection naturelle est évidemment une nécessité de système.

Or, une telle supposition ne peut tenir en face de la
critique.

(1) « Dies ist eine Folge des organischen Zusammenhangs, und namentlich
« der einheitlichen Ernährungsverhältnisse, welche zwischen allen Theilen
« jedes Organismus bestehen. » Ernst Höckel, *Natürliche Schöpfungsgeschichte*,
p. 216. Berlin, 1870.

A. — Et d'abord toute acquisition d'organes par une sélection graduelle et insensible est en bien des cas absolument impossible et contradictoire. D'après Darwin, en effet, toutes ces petites modifications ne peuvent être fixées par la sélection naturelle que pour autant qu'elles présentent *actuellement, hic et nunc*, à l'individu qui les possède une utilité particulière dans la concurrence vitale. Qu'il surgisse chez un animal un rudiment d'organe qui pourrait, arrivé à certain degré de perfection, lui être d'une grande utilité, la sélection naturelle est impuissante à le fixer si l'organe *à son état rudimentaire* ne présente pas au moment même un avantage spécial. La sélection naturelle n'est, en effet, que la résultante de forces *aveugles* et des conditions *accidentelles* de l'existence, et par conséquent elle ne peut rien combiner à l'avance pour l'avantage de l'espèce. Mais il est une foule d'organes, pour ne pas dire tous, qui ne peuvent offrir la moindre utilité, s'ils n'ont déjà atteint un état assez avancé de perfectionnement. Et en attendant ce perfectionnement, qui, dans la théorie de Darwin, peut demander un temps très considérable, comment toutes ces petites modifications, jusque-là inutiles, ont-elles pu être fixées?

Prenons un exemple. D'après Darwin la girafe a *acquis* sa longue queue pour se défendre contre les insectes et les mouches. Il en est de même de nos bœufs; et dans l'Amérique du Sud la distribution et l'existence du bétail sont absolument liées aux moyens dont il dispose pour se défendre contre les insectes (1).

Mais à cette supposition nous avons à opposer une objection capitale. Nous ne nions pas que la queue du bétail ait pour lui l'utilité indiquée, mais nous prétendons que, s'il avait été autrefois *anoure*, la sélection naturelle n'aurait pu lui faire pousser une queue. Cette queue, en effet, n'aurait pu croître qu'avec une extrême lenteur, et à partir de son apparition initiale, par suite des croisements qui auraient eu pour effet de l'amoindrir et de l'effacer, elle n'aurait peut-être, chez l'ensemble des individus de l'espèce, atteint qu'un centimètre après des milliers d'années. Or, nous le demandons à Dar-

(1) Cf. Ch. Darwin, *On the origin of species*, p 239-240. London, 1869.

win, à quoi peut servir une queue d'un centimètre pour protéger les bœufs contre les mouches? Évidemment à rien.
Par conséquent en vertu des principes mêmes de Darwin,
la queue des bœufs n'aurait jamais pu se former, puisque la
sélection naturelle ne conserve ces petites et lentes modifications que pour autant qu'elles soient *dès leur apparition*
utiles à l'animal qui les possède.

On pourrait raisonner de la même manière dans une foule
d'autres circonstances. Ainsi la toile que file l'araignée lui
est extrêmement utile pour prendre sa proie ; mais de quel
usage pourrait être un rudiment de fil? Absolument d'aucun,
évidemment. Les modifications initiales qui auraient servi
de point de départ à cette faculté de l'araignée n'ont donc
pu être fixées par la sélection.

Or, Darwin en convient lui-même formellement, une
telle impossibilité, ne fût-ce qu'en un seul cas, est l'anéan-
tissement de sa théorie.

« Si l'on pouvait démontrer, dit-il, l'existence d'un organe
compliqué quelconque qui n'aurait pu être formé par une
série de nombreuses et légères modifications, ma théorie
serait absolument renversée (1). »

Eh bien! cette démonstration, on ne saurait le nier à
moins d'un parti pris, peut très bien être faite, même pour
des organes qui ne sont pas très compliqués.

B. — Il est une autre considération qui démontre invin-
ciblement, pensons-nous, que la théorie de Darwin manque
de base scientifique sérieuse, et le grand Cuvier la consi-
dérait déjà comme décisive contre tous les systèmes qui
admettent la dérivation des espèces.

Si, en effet, le système de Darwin est vrai, entre les animaux et les plantes qui peuplent aujourd'hui la terre et
leurs ancêtres qui se perdent aux limites confuses du temps,
*il a dû exister des formes intermédiaires en nombre vérita-
blement immense*, puisque le changement n'a eu lieu que
par des modifications lentes et insensibles. Cette conclusion

---

(1) « If it could be demonstrated that any complex organ existed, which
could not possibly have been formed by numerous, successive, slight modifications, my theory would absolutely break down. » Ch. Darwin, *On the
origin*, etc., p. 227.

découle essentiellement de la théorie, et Darwin lui-même la proclame surabondamment (1).

Or, nos lecteurs le savent, l'écorce du globe est surtout formée par des couches de terrains superposés les uns aux autres et dans lesquels on trouve, à l'état fossile, les restes de plantes et d'animaux complétement différents de ceux qui existent aujourd'hui. Ainsi, si nous nous reportons par l'imagination à l'époque tertiaire, par exemple, nous verrons bondir sur le sol de l'ancienne Europe des mammifères tels que l'*anoplotherium*, le *polaeotherium*, le *megalonyx*, le *dinotherium gigantesque* : animaux étranges, qui donnaient à la nature vivante un cachet particulier que rien ne rappelle maintenant. D'après Darwin, toutes nos espèces actuelles descendent de ces espèces anciennes et de celles qui leur étaient contemporaines ; celles-ci, de plus anciennes encore; et ainsi de suite.

Si donc nous remontons des couches fossiles les plus anciennes jusqu'à notre époque, toutes les faunes éteintes et vivantes devront former une chaîne serrée de formes qui passeront des unes aux autres par une gradation insensible.

De fait, en est-il ainsi?

En aucune façon. Sans doute, chaque espèce nouvelle fossile venant s'intercaler entre l'homme et les formes les plus infimes, il est clair que les *cadres*, si je puis m'exprimer de la sorte, des différents types du règne animal en deviennent mieux remplis. Mais il n'en est pas moins vrai que les espèces fossiles sont tout aussi nettement caractérisées que les espèces actuelles. Ainsi les darwinistes ont fait grand bruit de la découverte de l'*Archœopteryx macrurus*, oiseau trouvé dans le calcaire lithographique de Solenhofen, et qui présente, à la manière des lézards, un assez long appendice caudal formé de vingt vertèbres et garni de plumes de chaque côté.

« La découverte récente, dit Büchner, du remarquable oiseau l'*Archœopteryx macrurus* promet un rapprochement entre deux groupes d'animaux, dont les formes respectives

____

(1) Cf. Ch. Darwin, *On the origin of species*, p. 208, 214, 345, 346 et alibi passim.

nt tout à fait distinctes et divergentes, l'oiseau et le rep-
ile (1). » Et il ajoute en note : « A la faveur de cette découverte on peut, si l'on veut, faire sortir les reptiles et les
oiseaux de la même souche, comme Geoffroy St-Hilaire
l'avait déjà tenté en 1828, alors qu'il faisait dériver les
oiseaux des reptiles (2). »

Le professeur Huxley insiste aussi sur les caractères qui
rapprochent l'Archæopteryx des reptiles (3), notamment du
Compsognathus longipes et en général de tout le groupe
fossile des *Dinosauriens* (4).

Mais en réalité l'Archæopteryx, quoiqu'il se rapproche
des reptiles plus que les autres oiseaux connus, n'est pas,
d'après l'interprétation aujourd'hui généralement reçue,
une forme intermédiaire ou indécise ; Huxley lui-même (5)
et Darwin (6) le rangent sans difficulté parmi les oiseaux.
Lyell est on ne peut plus catégorique à ce sujet.

« On crut d'abord en Allemagne, dit ce géologue, avant
qu'aucun ostéologue expérimenté eût eu l'occasion d'examiner l'échantillon original, que ce fossile pouvait être un
ptérodactyle emplumé (des reptiles volants ont souvent été
rencontrés dans la même couche), ou qu'il allait tout au
moins établir une transition des oiseaux aux reptiles. Mais
M. le professeur Owen (7)...... a démontré que c'est incontestablement un oiseau, et que ceux de ses caractères qui
sont anormaux sont loin d'être ceux d'un vrai reptile (8). »

Au reste, même en supposant que la place de l'*Archæop-*

(1) E. Büchner. *Conférences sur la théorie darwinienne, (traduction française par A. Jacquot)*, p. 87. Paris, 1869.

(2) Ibidem.

(3) Huxley. *On animals between birds and reptiles*, apud *The popular science Review*, July 1868, p. 237-247. London.

(4) Cf. ibidem, p. 243-247.

(5) Cf. ibidem, p. 241, 246.

(6) Cf. Ch. Darwin, *On the origin of species*, 5th edition, p. 376, 403. London, 1869.

(7) Cf. Owen. *On the Archæopteryx of von Meyer, with a description of the fossil remains of a longtailed species, from the lithographic stone of Solenhofen. (Philosophical Transactions*, 1863, p. 33).

(8) Ch. Lyell. *L'Ancienneté de l'homme*, (traduction française par Chaper), p. 597. Paris, 1870. — Cf. *Elements of geology*, p. 394. Sixth edition, London 1865.

teryx macrurus parmi les vrais oiseaux fût effectivement incertaine, on pourrait néanmoins affirmer qu'à raison des caractères exceptionnels que présente ce singulier être, il n'existe pas d'espèce animale mieux caractérisée et plus nettement séparée de toutes les autres.

Nous devons dire la même chose du *Compsognathus longipes*, trouvé également à Solenhofen, en Bavière. Si ce reptile, par ses caractères étranges, se rapproche plus qu'aucun autre de la classe des oiseaux, il forme, précisément à cause de ses caractères anormaux, une espèce déterminée au plus haut point. Les darwinistes se font donc illusion et déplacent la question, lorsqu'ils nous citent de tels faits comme des exemples de ces intermédiaires étroitement liés entre eux qu'exige le système.

Les recherches faites en vue de retrouver une forme organique assez simple pour se rattacher à la première aurore de la vie n'ont pas été couronnées de plus de succès.

Pour Büchner, qui n'est pas difficile en fait d'arguments favorables au darwinisme, l'*Eozoon canadense*, trouvé dans le *terrain laurentien*, est un animal primitif. «Lui ou ses pareils, nous dit-il, ont marqué la première aurore de la vie sur la terre (1).» Mais en supposant exacte la détermination de l'Eozoon, en supposant qu'il soit réellement un *rhizopode*, Darwin lui-même le déclare d'une organisation élevée *(highly organised)* parmi les membres de sa classe (2).

Nous disons *en supposant exacte la détermination qui a été faite*. Car, en effet, il a été émis des doutes très sérieux sur la nature animale de cet accident des roches laurentiennes (3), et aux yeux de naturalistes très capables le prétendu *Eozoon canadense* n'est qu'une formation purement inorganique.

« Il y avait récemment grande joie parmi les darwinistes, dit Pfaff : l'animal primitif ou tout au moins son très proche cousin était trouvé dans le Canada et recevait

---

(1) L. Büchner. *Conférences sur la théorie darwinienne*, (traduction française), p. 81. Cf. p. 76, 80, 159, 160. Paris, 1869.

(2) Cf. Ch. Darwin, *On the origin of species*, p. 380. London, 1869.

(3) Cf. F. Römer, *Ueber die ältesten Formen des organischen Lebens auf der Erde*, p. 34. Berlin, 1869.

le nom d'*Eozoon canadense*. Mais cette joie ne tarda pas à être troublée, car bientôt les doutes les plus fondés surgirent sur la nature animale de cette particularité qui a été envisagée par des juges compétents comme une formation purement inorganique (1). »

S'il est donc une vérité incontestable en géologie, c'est que les formes intermédiaires qui, conformément aux conséquences nécessaires du darwinisme, relient entre elles les espèces par une gradation insensible, n'existent nulle part(2).

Aussi Häckel lui-même, cet infatigable pionnier du darwinisme, qu'il considère comme *la plus grande conquête de l'esprit humain* (3), avoue que lorsque l'on veut rétablir la filiation de la flore et de la faune contemporaines avec celles des temps géologiques les plus reculés, les lumières apportées par les faits sont presque nulles en comparaison de la prédominance qu'il faut accorder aux pures hypothèses.

« Si nous entendons par *Généalogie*, nous dit-il, la partie généralisatrice hypothétique et indispensable de la *Phylogénie* (4), et par *Paléontologie* la partie empirique immédia-

(1) « Vor einiger Zeit war grosse Freude unter den Darwinianern : das « Urthier oder wenigstens ein sehr naher Vetter, war in Canada gefunden und « *Eozoon canadense* benamst worden.' Doch war sie nicht lange ungetrübt, da « gar bald die gegründetsten Zweifel an der thierischen Natur dieses Gebildes « auftauchten und dasselbe von competenten Richtern für eine anorganische « Bildung erklärt wurde. » F. Pfaff. *Die neuesten Forschungen und Theorieen auf dem Gebiete der Schöpfungsgeschichte*, p. 113. Frankfurt, 1868.

(2) Les fouilles faites à Pikermi, en Grèce, par Albert Gaudry ont donné des résultats qui ont aussi ranimé les espérances des darwinistes. (Cf. A. Gaudry, *Animaux fossiles et géologie de l'Attique*. Paris, 1862-1868). En réalité plusieurs espèces nouvelles, notamment plusieurs éléphants compris entre le mammouth *(Elephas primigenius)* et le mastodonte, sont venues combler encore quelques lacunes de différents groupes animaux. Mais géneralement toutes ces espèces sont aussi nettement caractérisées que possible, et par conséquent elles ne sauraient avancer d'un pas la solution de la difficulté posée par le darwinisme. Et si quelques-unes de ces formes nouvelles ne sont peut-être que des variétés, un tel fait particulier n'a pas plus de valeur pour infirmer la distinction universelle des espèces, que ne peut en avoir l'existence des variétés actuelles dans la faune et la flore contemporaines. Cette distinction s'impose toujours comme un fait éclatant qui n'est pas sérieusement discutable.

(3) Cf. *Natürliche Schöpfungsgeschichte*, p. XVIII et alibi passim. Berlin, 1870.

(4) Par *Phylogénie* Häckel entend l'*histoire du développement des souches organiques*. C'est, si l'on veut, le darwinisme appliqué à la paléontologie pour la

ment fournie par l'étude des fossiles, la dernière n'est vraiment que rarement à la première dans la proportion d'un à mille, et dans la plupart des cas la proportion est à peine d'*un à cent mille* ou même à un *million* (1).

En fait, Häckel avoue donc que le darwinisme n'a aucune base sérieuse dans la paléontologie.

VI.

Cette conclusion est pour nous une difficulté péremptoire contre l'hypothèse darwiniste. Pour Darwin lui-même *elle est peut-être la plus naturelle et la plus sérieuse objection qui puisse être élevée contre sa théorie* (2). Néanmoins, comme toujours, il a une réponse qu'il présente comme satisfaisante. Cette réponse, la voici :

Sans doute, nous dit-il, les innombrables variétés exigées par ma théorie ont nécessairement existé. Cependant on s'explique fort bien qu'elles ne se soient retrouvées nulle part dans les couches géologiques, parce que tantôt il faudrait les chercher en des endroits encore inexplorés, et tantôt elles peuvent avoir disparu sans laisser aucune trace.

En somme donc l'explication réside dans l'extrême imperfection de nos archives géologiques. « Pour ma part, suivant une métaphore de Lyell, je considère, dit Darwin, les données géologiques comme une histoire du monde tenue avec négligence et rédigée en un dialecte changeant. De cette histoire nous ne possédons que le dernier volume qui a trait à deux ou trois contrées seulement. De ce volume, çà et là on rencontre un court chapitre conservé ; et de chaque page il ne reste que quelques lignes éparses. Les

restauration de l'arbre généalogique de la flore et de la faune actuelles. Cf. *Natürliche Schöpfungsgeschichte*, p. 10.

(1) « Wenn wir unter *Genealogie* den ergänzenden und unentbehrlichen hypothetischen Theil, unter *Paläontologie* den empirischen, unmittelbar durch die Versteinerungskunde gegebenen Theil der *Phylogenie* verstehen, so verhält sich die letztere zur erstern wohl nur selten wie Eins zu Tausend, in der allermeisten Fällen kaum wie *Eins zu Hunderttausend* oder zur *Million*. » Ernst Häckel, *Generelle Morphologie der Organismen*, Bd. II, p. 307. Berlin, 1866.

(2) Cf. Ch. Darwin, *On the origin of species*, p. 346. London, 1869.

mots de la langue lentement changeante, plus ou moins différents dans les chapitres successifs, représentent ainsi les formes variables de la vie qui sont ensevelies dans les couches fossilifères et qui semblent, mais faussement, s'être produites soudainement. D'après cette manière de voir, les difficultés examinées plus haut sont considérablement amoindries ou même disparaissent (1). »

Voilà donc l'explication du naturaliste anglais.

On lui dit que les formes intermédiaires entre les fossiles les plus anciens et la forme vivante primitive ne se retrouvent nulle part :

Darwin répond : Cela est vrai, mais nous ne possédons malheureusement que le dernier volume de l'histoire du monde, et tous les renseignements demandés se trouvent dans les volumes qui sont égarés.

Très bien ! Mais la série des couches fossilifères que nous possédons est déjà bien considérable, et comment se fait-il que d'une faune à celle qui lui succède, on ne trouve nulle part les intermédiaires ?

C'est, nous dit encore Darwin, que dans notre dernier volume, la plupart des chapitres manquent, et c'est dans les chapitres manquants que se trouvent les indications désirées.

Ou bien, si elles se trouvent dàns les chapitres conservés, comme chaque page ne renferme plus que quelques lignes, il est à croire que ce sont précisément les lignes utiles qui ont disparu.

Eh bien ! nous en appelons à tous les savants dégagés de l'esprit de système : est-ce là faire de la science sérieuse?

---

(1) « For my part, following out Lyell's metaphor, I look at the geological « record, as a history of the world imperfectly kept, and written in a changing « dialect; of this history we possess the last volume alone, relating only to « two or three countries. Of this volume only here and there a short chapter « has been preserved; and of each page, only here and there a few lines. Each « word of the slowly-changing language, more or less different in the succes- « sive chapters, may represent the forms of life, which are entombed in our « consecutive formations, and which falsely appear to us to have been abrup- « tly introduced. On this view, the difficulties above discussed are greatly « diminished, or even disappear. » Ch. Darwin, *On the origin*, etc., p. 384. London, 1869.

Évidemment, c'est le renversement de toute vraie méthode scientifique. Ici, en effet, au lieu d'expliquer les faits obscurs en s'appuyant sur des faits connus, on récuse, au contraire, comme insuffisant le témoignage de ceux-ci, en faisant continuellement appel à l'inconnu. Ce n'est pas sur les faits acquis en paléontologie, sur les découvertes que la science *a faites* qu'on érige le système; non, c'est sur les découvertes *qui restent à faire*. On déserte donc la science positive, et, selon l'expression énergique d'Ad. Brongniart, on s'égare dans des *contes de fées* (1).

En résumé, nous croyons avoir le droit de le dire, toute cette explication, qui n'explique rien, n'est qu'une échappatoire. Et en attendant qu'il suffise, en matière de science, d'en appeler, à défaut de preuves, aux documents inconnus renfermés en des archives inconnues et conservées elles-mêmes en des lieux inconnus, nous dirons que le darwinisme ne peut prétendre à prendre rang parmi les théories de la science positive.

Au reste, toutes ces difficultés à l'endroit du darwinisme paraissent mieux senties chaque jour. Si dans les premières éditions de l'*Origine des espèces*, la sélection naturelle faisait à peu près tout, Darwin lui-même reconnaît maintenant qu'il faut y ajouter bien des causes *inconnues*. Un naturaliste anglais, Saint George Mivart, a publié cette année un ouvrage : *Sur la genèse des espèces*, qui a eu un grand retentissement et en est déjà à sa seconde édition (2). Or, quoique cet écrivain soit lui-même partisan de la transformation des espèces, il admet et prouve, par la discussion de faits nombreux, plusieurs arguments que nous venons de développer contre le darwinisme, notamment l'impossibilité, fréquente dans ce système, de rendre raison des modifications initiales qui ont amené des particularités de structure utiles (3). Pour lui la sélection naturelle n'aurait joué qu'un rôle subordonné dans l'évolution des espèces, et celle-ci serait due principalement à l'action de lois *encore inconnues*.

Mais, ainsi que le fait remarquer lui-même Saint George

(1) Cf. *Revue des cours scientifiques*, tome VII, p. 563, Paris, 1870.
(2) St George Mivart, *On the genesis of species*, 2ᵈ edition. London, 1871.
(3) S.-G. Mivart. Opere citato, p. 26-70.

Mivart (1), le succès du darwinisme est surtout dû à la simplicité avec laquelle ce système paraissait expliquer. l'évolution des espèces par le jeu de la sélection naturelle ou la *survivance du plus apte*. Or, du moment que dans une foule de cas il est démontré que cette évolution sous la loi de sélection naturelle est impossible, et des écrivains ultra-darwinistes jusqu'ici admettent que cette démonstration est faite (1), il est évident que le système tout entier est ébranlé; et nous ne pouvons comprendre comment, en restant fidèle aux vraies méthodes de la science, on peut admettre comme une loi de transformation des espèces la sélection naturelle, lorsque ce mode d'action est démontré impossible en des cas nombreux, et que dans les autres on n'a en sa faveur que la conception d'une pure possibilité qui n'est pas établie sur les faits. La sélection naturelle, même avec la portée restreinte que lui accorde Saint George Mivart, manque donc complétement de base sérieuse pour appuyer le transformisme, qui en est ainsi réduit à n'invoquer en sa faveur que des lois *encore inconnues*.

VII.

La *fixité des espèces* (2) depuis les temps historiques les plus reculés; l'impossibilité d'attribuer à la *concurrence vitale* le perfectionnement des organismes, dans la généralité des cas; l'impossibilité, pour la *sélection naturelle*, de conserver les modifications initiales à l'apparition d'organes qui ne peuvent présenter la moindre utilité avant d'avoir acquis un certain degré de développement; enfin l'*absence des intermédiaires* fossiles exigés par la théorie, prouvent que l'hypothèse darwinienne est inadmissible, Darwin essaie de demander à la distribution géographique des animaux et des plantes en même temps qu'à l'anatomie des faits qui lui soient favorables.

A. — Sous le rapport de la distribution géographique, Darwin invoque les affinités qui relient en général les formes organiques appartenant à des continents ou des îles entre lesquelles la communication est facile. Ces affinités s'expliqueraient en faisant descendre de types communs les

(1) Ibidem, p. 12, 13.

(2) Cf. P. Flourens, *Examen du livre de M. Darwin sur l'origine des espèces*, p. 48 et alibi passim. Paris, 1864.

espèces ainsi alliées. Darwin invoque aussi quelques cas où des faunes voisines, séparées par des bras de mer profonds, sont notablement dissemblables, la séparation étant alors supposée, sur un fondement d'ailleurs très contestable, remonter à une date très ancienne (1). Il s'appuie également sur la localisation de quelques types en des aires géographiques déterminées, non-seulement pour la période actuelle, mais encore dans les périodes précédentes (2) qui nous sont révélées par la géologie.

Lyell, entre autres, a aussi développé cette dernière considération.

« La variation et la sélection naturelle, dit-il, donnent aussi la clef... des rapports généraux et intimes qu'il y a entre les plantes et les animaux vivants de chaque grande division du globe et ceux de la flore et de la faune éteintes post-tertiaires et tertiaires de la même région; ainsi, dans l'Amérique du Nord, nous trouvons non-seulement parmi les mollusques vivants des formes particulières étrangères à l'Europe, le *Gnathodon* et le *Fulgur* (sous-genre de *Fusus)*, mais nous rencontrons aussi les espèces éteintes des mêmes genres dans la faune tertiaire de la même partie du monde. De même, nous ne trouvons, en fait de mammifères vivants en Australie, que les Kanguroos et les Wombats ; or, les espèces fossiles éteintes de ce pays appartiennent aux mêmes genres. De même encore, c'est dans l'Amérique du Sud que se trouvent, à l'état récent et fossile, les Paresseux, les Tatous et autres édentés, tandis que c'est dans le grand continent asiatique européen qu'on trouve les éléphants, les rhinocéros, les tigres et les ours (3). »

Ces faits sont, à notre avis, les plus favorables que le darwinisme puisse invoquer en faveur de la dérivation des espèces. Mais, parmi eux, il en est qui, entre autres ceux qui regardent les faunes voisines séparées par des bras de mer profonds, sont trop peu nombreux pour permettre des conclusions plausibles. Quant aux autres, s'ils s'expliquent dans la théorie de descendance modifiée, ils

---

(1) Cf. Ch. Darwin, *On the origin of species*, p, 422-490.

(2) Cf. Ch. Darwin, opere citato, p. 414-417.

(3) Ch. Lyell. *L'Ancienneté de l'homme prouvée par la géologie* (traduction française par Chaper, 2e édition), p. 458. Paris, 1870.

laissent parfaitement debout les arguments que nous avons développés plus haut en sens opposé. Au reste, du moment que la succession des phénomènes du monde organique est considérée comme régie par une pensée créatrice, ces faits n'ont rien que de naturel. « Seule, dit Agassiz, l'intervention délibérée d'une intelligence, agissant continuellement suivant un plan unique, peut rendre compte des phénomènes de ce genre (1). »

Mais à côté de ces faits, favorables, nous le reconnaissons, à la théorie de descendance modifiée, il n'en manque pas d'autres, même dans la distribution géographique, qui sont d'énormes difficultés pour le darwinisme.

Indiquons en quelques-uns.

1° D'après l'hypothèse darwiniste, on est obligé d'admettre que les marsupiaux de l'Amérique du Sud et de l'Australie descendent d'une même souche primitive, malgré l'immense distance qui sépare ces parties du monde. La même conclusion s'impose en ce qui regarde les grenouilles et les crapauds de ces mêmes contrées. Les résultats sont analogues si l'on compare les grenouilles du S.-O. de l'Amérique avec celles de l'Europe (2). Ainsi le docteur Günther a décrit, sous le nom de *Cacotus*, un batracien du Chili qui ressemble beaucoup au *Bombinator* européen (3).

2° Les lézards *pleurodontes*, c'est-à-dire *à dents attachées par le côté à la surface interne de la mâchoire*, abondent dans l'Amérique du Sud et nulle part ailleurs. Et pourtant on trouve des lézards pleurodontes à Madagascar, fait d'autant plus étrange que jusqu'à présent on ne connaît aucun poisson d'eau douce qui soit commun à l'Afrique et à l'Amérique du Sud (4).

3° Les travaux du docteur Günther ont aussi appelé l'attention sur plusieurs faits concernant la distribution géographique des poissons, et qui sont fort peu conciliables avec le darwinisme.

---

(1) L. Agassiz. *De l'espèce et de la classification en zoologie* (traduction française par Felix Vogeli), p. 162. Paris, 1869.

(2) Cf. S.-G. Mivart, *On the genesis of species*, p. 169. 2nd edition. London, 1871.

(3) Dr Günther. *Proc. zool. soc.* 1868, p. 482 (citation de S.-G. Mivart, *On the genesis of species*, p. 169.)

(4) Cf. S.-G. Mivart, opere citato, p. 167-168.

C'est ainsi que le genre *Mastacembelus* appartient à une famille de poissons d'eau douce de l'Inde. Huit espèces de ce genre sont décrites par le Dr Günther dans son *Catalogue des poissons acanthoptérygiens du British Museum* (1). Et pourtant une nouvelle espèce, le *Mastacembelus cryptacanthus*, habite le pays des Camarones, dans l'Afrique occidentale (2). Or, toutes les espèces doivent, d'après le darwinisme, avoir émigré d'un point unique, qui était la patrie du type du genre, et cela certes n'est pas ici facile à concevoir.

Le genre *Ophiocephalus* est .également un genre indien qui ne compte pas moins de vingt-cinq espèces, toutes d'eau douce (3). Et pourtant, d'après une communication du docteur Günther à S.-G. Mivart, une espèce de ce genre se trouve dans le Nil supérieur et dans l'Afrique occidentale.

Nous pourrions multiplier ces exemples, empruntés au Dr Günther, mais nous nous contenterons de citer en dernier lieu le plus remarquable, à notre avis.

Le genre *Galaxias* a au moins une espèce qui est commune à la fois à la Nouvelle-Zélande et à l'Amérique méridionale, et une autre commune à l'Amérique méridionale et à la Tasmanie (4). Ces poissons sont *absolument et exclusivement d'eau douce*. D'après le darwinisme, la classification n'étant que l'expression des rapports généalogiques, l'espèce actuellement répandue dans la Nouvelle-Zélande et dans l'Amérique méridionale, par exemple, a dû partir d'un point unique, habité par la souche primitive. Quel moyen de concevoir que des poissons, exclusivement d'eau douce, incapables de vivre daus l'eau salée, aient pu aller ainsi, par delà l'Océan, chercher des eaux douces dans des continents éloignés? C'est sans doute à cause de la grande importance d'une difficulté de ce genre que Darwin nous dit. encore, dans la dernière édition de l'*Origine des espèces* : « En ce qui regarde les poissons, je pense que la même es-

---

(1) Cf. Dr Günther, *Catalogue of Acanthopterygian fishes iu the British Museum*, vol. III. p. 540. (Citatiou de S.-G. Mivart, opere citato, p. 165).

(2) Dr Günther, *Proc. zool. soc.* 1867, p. 102 et *Ann. Mag. of Nat. Hist.* vol. XX, p. 110 (Apud S.-G. Mivart, opere citato, p. 165).

(3) Cf. Dr Günther, *Catalogue* etc., vol. III, p. 469 (Apud S.-G. Mivart, ibidem).

(4) Cf. Dr Günther, *Catalogue*, etc., vol. VI, p. 208 (Citation de S.-G. Mivart, *On the genesis of species*, p. 166).

pèce ne se rencontre jamais dans les eaux douces de continents éloignés (1). » Or, les faits révélés par le Dr Günther prouvent qu'une telle assertion ne peut plus être maintenue.

A la vérité pourtant de telles difficultés ne sont pas absolument insurmontables en y mettant infiniment de bonne volonté et d'imagination. « Il serait difficile, dit S.-G. Mivart, d'imaginer des obstacles de ce genre qui ne puissent être surmontés par un nombre indéfini de modifications à la surface de la terre : submersions et émersions, jonctions et séparations des continents dans toutes les directions et avec mille combinaisons répétées à plaisir ; et tout cela étant complété par l'intercalation d'armées d'ennemis, de multitudes d'ancêtres de toutes sortes et de myriades de formes 'de transitions, dont la *raison d'être* peut se trouver uniquement dans leur utilité ou leur nécessité pour appuyer la théorie de *sélection naturelle* (2). »

Et que résulte-t-il de cet enchevêtrement d'hypothèses introduites pour les besoins de la cause? C'est que, selon l'expression de M. Perty, *on est ainsi fort exposé·à se mouvoir dans un cercle de conclusions erronées, en même temps qu'à présenter comme preuve et à envisager comme appui du système ce qui devrait tout d'abord être prouvé* (3).

En somme donc, sans nier que l'un ou l'autre fait révélé par la distribution géographique des animaux soit favorable au darwinisme, il en est d'autres qui rendent ce système complétement invraisemblable.

(1) « In regard to fish, I believe that the same species never occur in the « fresh waters of distant continents. « Ch. Darwin, *On the origin of species*, p. 463, 5th edition. London, 1869.

(2) «It would be difficult to imagine any obstacles of the kind which could « not be surmounted by an indefinite number of terrestrial modifications of « surface — submergences and emergences — junctions and separations of · « continents in all directions, and combinations of any desired degree of fre« quency. All this being supplemented by the intercalation of armies of ene« mies, multitudes of ancestors of all kinds, and myriads of connecting forms, « whose *raison d'être* may be their utility or necessity for the support of the « theory of «natural selection. « St George Mivart, *On the genesis of species*, p. 163-164.

(3) «Dann liegt die Möglichkeit nahe, sich in einem Kreise von irrthüm« lichen Schlüssen zu bewegen und das, was erst bewiesen werden soll, als « Beweis vorauszusetsen und als Stütse für das System anzusehen. «Maximilian Perty, *Die Vertheilung der Thierwelt über die Erde*, apud *Westermann's Monats Hefte*, August 1869, p. 503. Braunschweig, 1869.

Il y a plus : les faits que nous venons d'indiquer ne frappent pas seulement le darwinisme, ils tendent, en dernière analyse, à écarter toute hypothèse transformiste. Selon la remarque qu'en fait lui-même S.-G. Mivart, si les êtres organisés se transforment, une espèce déterminée doit être considérée, dans sa forme actuelle, comme la résultante de deux sortes d'influences : les influences *ancestrales*, transmises par l'hérédité et qui agissent toujours dans le même sens, et les influences *externes* de tout genre, qui ont réagi sur la formation de l'espèce (1). Or, pour échapper aux difficultés du darwinisme à l'endroit de la distribution géographique des animaux, S.-G. Mivart est obligé de supposer que les *Galaxias* identiques qui habitent à la fois des régions sans liaison vraisemblable, telles que l'Amérique méridionale et la Nouvelle-Zélande, sont dérivés, par un ensemble de circonstances favorables, de souches différentes. Or, que des combinaisons indéfiniment variées d'influences extérieures de tout genre puissent amener à des formes précisément identiques les descendants de souches différentes, c'est là un résultat contraire à toutes les lois de la probabilité et absolument inadmissible. S.-G. Mivart lui-même, tout en étant forcé, pour sauver le système, d'admettre une telle dérivation, la déclare pourtant *hautement improbable* eu égard à l'action différente des influences ancestrales ; et, pour la rendre plus acceptable, il fait appel à une loi *innée* d'évolution, loi inconnue et purement hypothétique, cela va sans dire (2). Mais cette loi innée étant nécessairement transmise par l'hérédité se confond avec les influences ancestrales, et par conséquent n'explique rien. Il est donc plus logique, ce nous semble, puisque, de l'aveu même des transformistes, leur système conduit à des conséquences *hautement improbables*, de le rejeter purement et simplement.

B. — Quant aux arguments que puise Darwin dans les faits fournis par l'anatomie, nous avons déjà vu, dans notre premier article, en parlant de l'homme, quelle en est la

(1) Cf. S. George Mivart, *On the genesis of species*, p. 172. 2nd edition, London, 1871.

(2) Ibidem.

nature. Darwin analyse-t-il les points de détail qui prouvent une structure homologue chez tout un groupe animal, il invoque aussitôt cette homologie comme révélant un caractère hérité d'un progéniteur commun. Constate-t-il chez un animal l'existence d'un organe rudimentaire, il le fait aussitôt descendre d'un progéniteur qui possédait l'organe à l'état parfait. Les ressemblances des animaux à l'état embryonnaire le conduisent à des conclusions semblables. Pour lui, comme nous l'avons déjà dit, « lorsque deux ou plusieurs groupes d'animaux, quelles que soient d'ailleurs les différences actuelles de leur organisation et de leurs habitudes, passent par des phases embryonnaires étroitement similaires, nous pouvons tenir pour certain qu'ils sont tous descendus d'une forme mère, et que par conséquent ils sont étroitement parents. Ainsi une structure embryonnaire commune révèle une souche primitive également commune (1). »

Mais, il est inutile de le faire remarquer, tous ces faits invoqués par Darwin en faveur de la dérivation des espèces n'ont rien de neuf. Il en est que la science dans son enfance connaissait déjà. Et, en effet, depuis Aristote, depuis que l'histoire naturelle existe, la classification des animaux et des plantes a toujours eu pour base les caractères qu'ils présentent en commun. Comment donc les naturalistes les plus illustres, tels que Laurent de Jussieu, le grand Cuvier, de Candolle, de Blainville, Jean Müller, Flourens, Agassiz, Ad. Brongniart et une foule d'autres, sont-ils si éloignés des idées de Darwin? C'est qu'il y a deux manières d'interpréter les faits. Mettons-les en regard, et le lecteur jugera.

Pour Darwin, la vie ayant apparu sur la terre par l'ordre du Créateur, les espèces se sont formées par des causes accidentelles, sans qu'aucun dessein préconçu ait présidé à leur organisation, sans l'intervention d'une puissance intel-

---

(1) « In two or more groups of animals, however much they may differ from each other in structure and habits, if they pass through closely similar embryonic stages, we may feel assured that they all are descended from one parent-form, and are therefore closely related. Thus, community in embryonic structure reveals community of descent. » Ch. Darwin, *On the origin of species*, p, 534.

ligente quelle qu'elle soit (1). La sélection naturelle, en effet, n'est que la *succession des faits*; non-seulement elle n'est pas un pouvoir intelligent, mais elle n'est pas même une force brute ayant une existence réelle dans la nature. *A priori*, le darwinisme rejette toute *cause finale* ou *combinaison d'utilité* dans l'organisation. Il est faux, par exemple, qu'aucun animal ait été créé avec un œil pour voir; mais comme pourtant au moyen de l'œil on peut voir, et que, pour sortir victorieux dans la lutte pour l'existence, il est utile de voir, l'œil ébauché accidentellement s'est conservé et perfectionné de même. Or, si l'organisation n'est que le produit d'un concours de circonstances fortuites et de forces aveugles, il n'y a guère d'autre moyen de s'expliquer l'identité générale de structure des animaux qui appartiennent à une grande division zoologique quelconque, qu'en les supposant dérivés d'un type initial commun.

Mais il est un autre point de vue, qui est celui de la grande école de Cuvier, et qui a été particulièrement développé, entre autres, par Agassiz. Pour les naturalistes de cette école, la ressemblance plus ou moins grande entre des espèces animales ne prouve en aucune façon qu'elles descendent d'un progéniteur commun. Elle s'explique en admettant que l'organisation animale ou végétale ne s'est pas produite à l'aveugle, mais, au contraire, qu'elle est l'œuvre d'une puissance intelligente qui, pour mieux faire éclater sa sagesse, a fait surgir des formes variées à l'infini et pourtant tracées d'après un même plan fondamental. On aurait ainsi, d'après les vues le plus généralement reçues parmi les naturalistes, quatre grands types fondamentaux pour tout le règne animal, et l'embranchement des vertébrés serait la réalisation du type supérieur. Ainsi, pour Cuvier et Agassiz, l'organisation est la réalisation d'un dessein préconçu par le Créateur, et par conséquent l'œil n'est pas une excroissance accidentelle, mais il a été combiné et donné pour permettre de voir.

Et, en effet, quand on étudie en détail la structure de l'œil, on trouve dans ce petit organe une telle richesse de

____

(1) **Cf. D**^r **Louis Büchner.** *Conférences sur la théorie darwinienne* (traduction française par A. Jacquot), p. 27, 85. Paris, 1869.

combinaisons, une telle délicatesse dans l'exécution ; tout y est si bien coordonné pour assurer l'exercice de la vue, qu'il faut vraiment répudier le bon sens pour admettre que tout cela s'est fait sans intelligence et sans calcul.

VIII.

Il est vrai que, pour rendre plus acceptable le darwinisme, le docteur Asa Gray et, à sa suite, Ch. Lyell disent que *la dérivation des espèces n'est contraire à aucune des idées* POPULAIRES *relativement à la manière dont les modifications du monde naturel se sont effectuées* (1). « L'ensemble et la succession des phénomènes naturels, nous dit encore Lyell, peuvent n'être que l'application matérielle d'un arrangement conçu à l'avance, et si cette succession des événements peut s'expliquer par la transmutation, l'adaptation perpétuelle du monde organique à de nouvelles conditions laisse aussi puissant que jamais l'argument en faveur d'un plan, et par conséquent d'un architecte (2). »

Mais il importe ici, pour écarter toute équivoque, de bien poser les faits.

Et d'abord faisons pour le moment abstraction de l'homme, et n'envisageons que les animaux et les plantes. D'après les traditions bibliques, que l'on appelle ici les *idées populaires*, sur l'origine du monde organique, l'homme ne se présente pas seulement comme un être à part et créé d'une manière indépendante, mais il se présente comme apparu dans des conditions particulières de perfection physique et mentale avec lesquelles aussi l'hypothèse scientifique devrait être conciliable. Laissons donc l'homme un instant pour ne considérer que le cas le plus simple, celui de la transformation des espèces animales et végétales en général.

La question étant ainsi posée, nous admettons effectivement que la mutabilité des espèces, le transformisme

____

(1) Cf. Lyell, *L'Ancienneté de l'homme prouvée par la géologie* (traduction française de Chaper), p. 558. 2de édition. Paris, 1870.

(2) Sir Ch. Lyell, ibidem, p. 558-559.

considéré d'une manière générale, n'a rien qui ne puisse
s'allier avec les idées *populaires*, comme dit Lyell, sur la
création, *si l'on admet que les changements ont eu lieu sous
l'action providentielle de la Cause intelligente et créatrice.*
Certes, s'il avait plu au Créateur, durant la succession des
périodes géologiques, de modifier lentement ou brusquement
les espèces existantes, cette mutation serait parfaitement
concevable. Seulement le naturaliste qui de cette pure possibilité conclut à la réalité s'écarte des vraies méthodes de
la science, puisque tous les faits positifs convergent à établir
la permanence de l'espèce. Or, la science sérieuse ne déserte pas les faits pour entrer dans le domaine des pures
possibilités.

Mais, on ne saurait trop le répéter, l'hypothèse générale
de la dérivation des espèces et le darwinisme ne sont pas
la même chose. Celui-ci, en effet, n'est qu'un *système particulier* pour expliquer cette dérivation. Or, la pensée essentielle du darwinisme, c'est que, étant donnée la forme mère
ou les quelques types primitifs pour lesquels Darwin admet
l'action du Créateur, toutes les espèces se sont ensuite formées sans aucune intervention *surnaturelle* (1) ou combinaison intelligente quelle qu'elle soit.

Qu'on parcoure, autant qu'on voudra, le *Traité de l'origine des espèces*, à part le souffle créateur qui a fait surgir
l'aube de la vie, ou ne trouvera nulle part, pour expliquer
l'évolution des espèces, que le jeu des causes secondes,
livrées exclusivement à elles-mêmes. Toute intervention de
l'idée divine réalisant un plan quelconque dans l'épanouis-
sement des formes organiques est catégoriquement écartée
comme n'ayant pas de valeur scientifique (2). Si, dans son
Origine de l'homme, Darwin dit que nos intelligences se
refusent à considérer la grande série des événements du
monde comme le résultat d'un hasard aveugle, il ne s'agit

(1) En employant ici le mot *surnaturelle*, nous usons de la terminologie
reçue parmi les darwinistes. Mais, en fait, l'action permanente de la Providence
dans le gouvernement de la nature n'est en aucune façon un acte surnaturel
ou miraculeux. Elle est, au contraire, le point d'appui indispensable pour tous
les phénomènes naturels.

(2) Cf. Ch. Darwin, *On the origin of species*, p. 517. 5th edition, London,
1869.

là que de reconnaître une *Cause première* à l'origine des choses. Il indique en effet aussitôt la possibilité de concilier cette répudiation du hasard avec la pensée que *chaque petite variation de structure, l'association de chaque couple pour le mariage, la dissémination de chaque graine et autres faits semblables n'auraient pas tous été ordonnés pour quelque but spécial* (1). Or, comme tous ces petits accidents sont les éléments d'action pour la théorie de Darwin, du moment qu'on ne les considère pas comme préalablement ordonnés dans le but spécial de produire l'évolution des espèces, il s'en suit aussitôt que cette évolution, supposé qu'elle existe, ne peut plus être qu'un accident fortuit.

Au reste, Darwin a jugé convenable de consacrer un assez long passage à ce sujet dans le second volume de son *Traité de la variation des animaux et des plantes à l'état domestique*(2). En cet endroit, Darwin ne dissimule pas que l'exclusion de l'action constante de la Providence dans l'évolution des espèces ne constitue une grande difficulté en présence d'un Créateur tout-puissant et qui sait tout, ordonnant et prévoyant toute chose. Il y aurait là, d'après lui, une difficulté insoluble, comme celle du libre arbitre et de la prédestination (3). Mais si, en dernière analyse, Darwin fait aussi cette concession aux idées populaires, la difficulté ne l'empêche pas de se prononcer en sens opposé par toute espèce d'arguments insidieux. Analysons un peu les idées développées dans le passage indiqué.

D'après Darwin, on peut comparer les variations accumulées pour la création d'une race ou d'une espèce aux pierres que l'on recueillerait à la base d'un précipice, en

---

(1) Cf. Ch. Darwin, *The descent of man and selection in relation to sex*, vol. II, p. 396. London, 1871.

(2) Cf. Ch. Darwin, *The variation of animals and plants under domestication*, vol. II, p. 431 et seq. London, 1868.

(3) On peut s'étonner que Darwin parle sérieusement de la prédestination lorsqu'il a publié un ouvrage sur l'origine de l'homme qui n'est guère qu'un long réquisitoire contre l'ordre surnaturel. Nous ne pouvons, à ce sujet, ne pas nous rappeler que les disciples les plus autorisés de Darwin déclaraient que, si le Maître n'avait pas d'abord développé ses idées par rapport à l'homme, c'était par tactique et pour ne pas trop heurter l'opinion régnante. Ils étaient très bien informés, et Darwin lui-même, dans son introduction à l'*Origine de l'homme*, déclare qu'effectivement tel avait été son mobile (Cf. *The descent of man*,

choisissant celles qui, par leur forme, seraient convenables pour la construction d'un édifice. La forme de ces morceaux de pierre, considérée en elle-même, peut être appelée accidentelle. Cependant cette manière de parler n'est pas strictement exacte, car, en fait, les contours de chaque fragment sont déterminés par une longue série d'événements, qui tous sont conformes aux lois naturelles et en relation avec la nature du rocher, avec les lignes de stratification et de clivage, avec la configuration de la montagne et une foule de circonstances antérieures. Mais, par rapport à l'usage qui peut en être fait pour bâtir, on peut dire que la forme de ces fragments de roche est *strictement accidentelle*.

Or, continue Darwin, il en serait ainsi de toutes les modifications que peut subir l'organisation des êtres vivants. En tant que produites par l'application des lois physiques, elles ne sont pas purement accidentelles; mais en tant qu'elles peuvent servir à modifier les caractères des races et des espèces, elles sont purement fortuites. Comment, nous dit-il, le Créateur aurait-il ordonné dans nos animaux et nos plantes domestiques des variations qui ne servent parfois qu'à nos caprices ou même à notre cruauté? Or, du moment où le concours actuel de la Providence est mis de côté en un seul cas, *il n'y a plus une ombre de raison (no shadow of reason can be assigned)* pour penser que toute cette grande chaîne de variations qui a produit l'évolution du monde organique ait été *intentionnellement et spéciale-*

vol. I, p. 1). Or Büchner, entre autres, dit catégoriquement qu'en parlant du *Créateur*, Darwin n'a aussi en vue que de *ménager les croyances bibliques de ses concitoyens*, fût-ce *même au détriment de la vérité* (Cf. Büchner, *Conférences sur la théorie darwinienne*, p. 85.). Quant à nous, nous serons ici plus darwiniste que les admirateurs mêmes de Darwin, et nous acceptons comme sérieux l'appel qu'il fait au Créateur. Cependant nous trouvons étrange que non-seulement Darwin n'élève pas la moindre protestation au sujet d'une assertion aussi injurieuse, mais qu'au contraire il place *toujours* au premier rang de ses disciples ceux qui s'emparent de sa doctrine pour appuyer l'athéisme ou le panthéisme. Comme nous allons le voir, Darwin a trouvé bon de faire toutes ses réserves au sujet du langage d'Asa Gray, lorsque celui-ci s'exprime de manière à admettre le concours actuel de la Providence dans le jeu de la sélection naturelle. Il nous semble que l'exposition du darwinisme faite dans un sens athée par Häckel, Vogt, Büchner et autres, appellerait de la part de Darwin des réserves mieux motivées et que l'on regrette de ne trouver nulle part.

ment guidée (intentionally and specially guided). Aussi, tout en parlant avec courtoisie d'un de ces admirateurs, Asa Gray, Darwin déclare qu'il ne peut guère accepter les expressions de cet auteur, d'après lequel *la variation a été conduite le long de certaines lignes avantageuses*. Et pourtant cette assertion, prise isolément, peut être entendue dans un sens purement darwiniste, et en excluant toute intervention providentielle.

Il y a plus : d'après Darwin, si l'on admet le concours de la Divinité combinant d'avance les variations qui ont amené l'évolution supposée des êtres vivants, toute sa théorie devient inutile.

« Si nous supposons, nous dit-il, que chaque variation particulière a été ordonnée d'avance à l'origine des temps, la plasticité de l'organisation qui conduit à beaucoup de déviations nuisibles de structure, aussi bien que cette faculté excessive de reproduction qui conduit nécessairement au combat pour l'existence et, comme conséquence, à la sélection naturelle et à la survivance du plus apte, tout cela ne peut plus être à nos yeux que d'INUTILES lois de la nature (1). »

Or, comme personne ne supposera que Darwin, malgré les difficultés que lui-même constate, puisse admettre dans sa théorie l'intervention de considérations qui la rendraient *inutile* à ses propres yeux, il est bien clair que le système, dans la pensée de son auteur, explique l'évolution des êtres vivants par un concours de circonstances *purement acciden-telles par rapport aux variations organiques qu'elles pro-duisent*.

Et lorsque Asa Gray vient nous dire que Darwin se trompe sur la portée du système en le présentant comme excluant un plan divin dans la réalisation particulière des espèces, nous croyons que c'est Darwin, et non pas Asa

____

(1) « If we assume that each particular variation was from the beginning of « all time pre-ordained, the plasticity of the organisation, which leads to many « injurious deviations of structure, as well as that redundant power of repro- « duction which inevitably leads to a struggle for existence, and, as a con- « sequence, to the natural selection and survival of the fittest, must appear to « us SUPERFLUOUS laws of nature. » Ch. Darwin, *The variation of animals and plants under domestication*, vol. II, loco citato.

Gray, qui a bien saisi l'esprit du darwinisme. D'après Asa Gray, en effet, le darwinisme expose l'*ordre* et non pas la *cause*, le *comment* et non pas le *pourquoi* des phénomènes, et par conséquent il laisse la question de plan précisément dans le même état qu'auparavant (1).

Mais il nous est impossible de nous·ranger à cette appréciation. Le darwinisme n'a pas seulement la prétention d'exposer *l'ordre* et le *comment* de l'évolution supposée des êtres vivants, mais encore d'établir la *cause générale* de cette évolution. *La survivance du plus apte* est, en effet, présentée dans le système comme le *résultat fatal du combat pour la vie*; et ce combat est continuellement présenté, dans tout l'ouvrage *Sur l'origine des espèces*, comme déterminé par un ensemble de circonstances absolument fortuites, et à l'exclusion d'un plan divin, que l'on écarte positivement comme une considération étrangère à la science.

Ainsi, d'après le darwinisme tel qu'il est exposé et interprété par son auteur lui-même, les formes divergentes à l'infini qui sont dérivées de la forme primitive auraient été produites sous l'action exclusive de forces purement aveugles, comme le résultat fatal des circonstances fortuites de la concurrence vitale. Selon la remarque de Vogt, il n'y a plus, dans la théorie de Darwin, *la moindre place* à l'action de la Providence pour la transformation des espèces. Or, vouloir que des forces aveugles, livrées à elles-mêmes, réalisent, sans calcul et sans combinaison, les combinaisons les plus merveilleuses de l'organisme, c'est tout simplement vouloir des choses contradictoires. Toute cause doit nécessairement être proportionnelle aux effets qu'on lui attribue.

L'énormité intellectuelle qu'implique, sous ce rapport, le darwinisme est un des vices les plus graves de ce système au point de vue philosophique. Il y a là véritablement pour les darwinistes une difficulté insurmontable. Pour s'en convaincre, il suffit de lire ce qu'ils doivent dire pour s'en tirer.

____

(1) « His (de Darwin) hypothesis concerns the *order* and not the *cause*, the « *how* and not the *why*, of the phenomena, and so leaves the question of design « just where it was before. » Dr Asa Gray, *A free examination of Darwin's treatise on the origin of species, and of its American Reviewers*, p. 38. London, 1861.

IX.

Ainsi Häckel est, sans contredit, le plus logique et le plus capable des disciples de Darwin, celui pour lequel le Maître professe la plus haute estime (1). Or, nous allons voir tout ce que le professeur d'Iéna a pu trouver pour résoudre la difficulté qui nous occupe.

Une des illustrations de la science contemporaine, M. le professeur Van Beneden, a dit : «La forme des divers animaux semble *au premier abord* l'effet du caprice; on ne se rend que rarement compte de la bizarrerie des formes affectées par les animaux; cependant, en y regardant *de près*, on voit que tout est soigneusement *calculé*, que tout est *prévu* et *coordonné* d'après des principes que la science parvient quelquefois à découvrir (2). » Pour Häckel, les choses se présentent tout autrement : l'organisation révèle du calcul lorsqu'on l'examine *superficiellement;* il n'y en a plus en présence d'un examen *approfondi*. Le naturaliste allemand a donc un moyen bien simple d'écarter la difficulté : c'est de nier purement et simplement qu'il existe dans la nature organisée une relation quelconque avec un but déterminé. Cette relation ne paraît exister, nous dit-il, que *pour celui qui considère d'une manière tout à fait superficielle les phénomènes de la vie des animaux et des plantes* (3). Mais à celui qui les approfondit s'impose la conviction qu'une *telle relation n'existe pas, qu'elle existe aussi peu, en quelque sorte, que l'infinie bonté tant vantée du Créateur* (4).

Si l'on considère, par exemple, le mécanisme qui assure la double circulation du sang chez les animaux supérieurs : le cœur avec ses ventricules et ses oreillettes, le

(1) Cf. Ch. Darwin, *The descent of man and selection in relation to sex*, vol. 1, p. 4, 5. London, 1871.

(2) P.-J. Van Beneden. *Anatomie comparée*, p. 22. Bruxelles, chez Jamar.

(3) « Was jene Zweckmässigkeit in der Natur betrifft, so ist sie überhaupt « nur vorhanden *für denjenigen welcher die Erscheinungen im Thier und « Pflanzenleben durchaus oberflächlich betrachtet.* » Ernst Häckel, *Natürl. Schöpfungsgeschichte*, p. 17. Berlin, 1870.

(4) « Die Zweckmässigkeit nicht existirt, so wenig als etwa die vielge- « rühmte Allgüte des Schöpfers. » Ibidem, p. 18.

jeu des valvules, les ramifications sans nombre des artères et des veines pour rendre possible le transport du sang dans tout l'organisme, le cheminement incessant de ce fluide vers les poumons et son retour de ceux-ci vers le cœur, il n'y a pas dans ces admirables combinaisons la moindre relation avec un but déterminé. C'est une succession sans nombre de hasards heureux qui a arrangé tout cela. Ainsi le veut le darwinisme.

Cependant comme c'est chose difficile, quand on parle un langage qui choque à ce point le sens commun, de rester toujours conséquent avec soi-même, Häckel admet précisément plus loin, au moins dans les mots, ce qu'il avait nié d'abord. Ici il n'y avait rien dans l'organisme qui fût en relation avec un but déterminé *(die Zweckmässigkeit nicht existirt)*; plus loin il y aura des organes qui agissent en relation avec un but déterminé *(zweckmässig wirkende Organe)*. Cette contradiction dans les termes trahit bien, ce nous semble, l'embarras d'Häckel; mais du moment où la relation est admise, il faut l'expliquer d'après les données du darwinisme, et de manière à la faire dériver de circonstances purement fortuites. Voici donc comment s'y prend Häckel :

« Une difficulté considérable, nous dit-il, contre la théorie de descendance et qui offre une grande importance aux yeux de beaucoup de naturalistes et de philosophes, consiste en ce que cette théorie *explique la formation d'organes appropriés à un but déterminé par l'action de causes aveugles ou purement mécaniques.* Cette objection paraît particulièrement importante lorsque l'on considère ces organes qui, manifestement, se montrent adaptés si merveilleusement pour un but tout à fait spécial, que les mécaniciens les plus ingénieux ne seraient pas en mesure d'imaginer un organe plus parfait dans le même but. Au premier rang de ces organes se trouvent les organes supérieurs des sens des animaux, l'œil et l'oreille. Si l'on ne connaissait que les yeux et les organes de l'ouïe des formes animales supérieures, ils nous créeraient en réalité de grandes et peut-être insurmontables difficultés. Comment pourrait-on s'expliquer que, par la seule influence de la sélection naturelle, il ait été possible d'atteindre, sous tous les rapports, ce degré extraordinairement élevé et au plus haut point admirable de perfection ét d'adaptation spéciale que nous observons dans les yeux et les oreilles des animaux supérieurs? Heureusement *l'anatomie comparée* et *l'histoire du développement* nous aident ici à surmonter toutes les difficultés. Car si nóus suivons pas à pas dans le règne animal le perfectionnement graduel des yeux et des oreilles, nous rencontrons, sous ce rapport, une gradation tellement insensible, que nous pouvons suivre, de la manière la plus satisfaisante et à travers tous les degrés de perfection, le développement des organes les plus compliqués. Ainsi, par exemple, l'œil des animaux les plus inférieurs se montre comme une simple tache de pigment qui ne peut encore former aucune image des objets extérieurs, mais tout au plus percevoir l'impression distincte des différents rayons de lumière. *Alors* s'ajoute un nerf sensible. *Plus tard* se développe lentement à l'intérieur de cette tache pigmentaire la première ébauche de la lentille ou un corps réfringent qui est déjà en mesure de concentrer les rayons lumineux et de former une image déterminée. Mais il manque *encore* tous les appareils réunis pour l'accommodation et le mouvement de l'œil, les milieux diversement réfringents, une rétine parfaitement spécialisée et ainsi de suite, appareils qui, chez les animaux supérieurs, rendent cet organe si parfait. Entre l'organe simple de tout à l'heure et l'appareil de la plus grande perfection que nous venons d'indiquer, l'anatomie comparée nous montre une série graduelle non interrompue de toutes les transitions possibles, de telle sorte que nous pouvons aussi nous rendre parfaitement saisissable la formation progressive et insensible d'un tel organe au plus haut degré de complication. De même que, *durant le cours du développement individuel, nous pouvons suivre immédiatement ce progrès gradué dans la formation de l'organe*, de même ce *progrès doit avoir eu lieu en ce qui regarde l'évolution historique (phylétique) de l'organe* (1). »

(1) « Ein weiterer Einwand gegen die Descendenztheorie, welcher in den « Augen vieler Naturforscher und Philosophen ein grosses Gewicht besitzt, « besteht darin, dass dieselbe die *Entstehung zweckmässig wirkender Organe*

Or, il est facile de montrer que tous les efforts d'Häckel pour résoudre cette difficulté capitale du darwinisme sont tout à fait infructueux. En effet :

1° Le but à atteindre est celui-ci : *Expliquer comment un organe qui est une merveille de combinaison de toutes les parties pour un usage déterminé peut avoir été produit sans aucune combinaison réelle, par l'action de forces fatales et absolument aveugles.*

« *durch zwecklos oder mechanisch wirkende Ursachen behauptet.* Dieser Einwurf
« erscheint namentlich von Bedeutung bei Betrachtung derjenigen Organe,
« welche offenbar für einen ganz bestimmten Zweck so vortrefflich angepasst
« erscheinen, dass die scharfsinnigsten Mechaniker nicht im Stande sein wür-
« den, ein vollkommneres Organ für diesen Zweck zu erfinden. Solche Organe
« sind vor allen die höheren Sinnesorgane der Thiere, Auge und Ohr. Wenn
« man bloss die Augen und Gehörwerkzeuge der höheren Thiere kennte, so
« würden dieselben uns in der That grosse und vielleicht unübersteigliche
« Schwierigkeiten verursachen. Wie könnte man sich erklären, dass allein
« durch die natürliche Züchtung jener ausserordentlich hohe und höchst be-
« wundernswürdige Grad der Vollkommenheit und der Zweckmässigkeit in jeder
« Beziehung erreicht wird, welchen wir bei den Augen und Ohren der höheren
« Thiere wahrnehmen? Zum Glück hilft uns aber hier die *vergleichende Anato-*
« *mie* und *Entwickelungsgeschichte* über alle Hindernisse hinweg. Denn wenn
« wir die stufenweise Vervollkommung der Augen und Ohren Schritt für
« Schritt im Thierreich verfolgen, so finden wir eine solche allmähliche Stufen-
« leiter der Ausbildung vor, dass wir auf das schönste die Entwickelung der
« höchst verwickelten Organe durch alle Grade der Volkommenheit hindurch
« verfolgen können. So erscheint, z. B., das Auge bei den niedersten Thieren
« als ein einfacher Farbstofffleck, der noch kein Bild von äusseren Gegenstän-
« den entwerfen, sondern höchstens den Unterschied der verschieden Licht-
« strahlen wahrnehmen kann. *Dann* tritt zu diesem ein empfindender Nerv
« hinzu. *Später* entwickelt sich allmählich innerhalb jenes Pigmentflecks die
« erste Anlage der Linse, ein lichtbrechender Körper, der schon im Stande
« ist, die Lichtstrahlen zu concentriren und ein bestimmtes Bild zu entwerfen.
« Aber es fehlen *noch* alle die zusammengesetsten Apparate für Accommodation
« und Bewegung des Auges, die verschieden lichtbrechenden Medien, die hoch
« differenzirte Sehnervenhaut u. s. w., welche bei den höheren Thieren dieses
« Werkzeug so vollkommen gestalten. Von jenem einfachsten Organ bis zu die-
« sem höchst vollkommenen Apparat zeigt uns die vergleichende Anatomie in
« ununterbrochener Stufenleiter alle möglichen Uebergänge, so dass wir uns
« die stufenweise, allmähliche Bildung auch eines solchen höchst complicirten
« Organes wohl anschaulich machen können. Ebenso wie *wer in Laufe der*
« *individuellen Entwickelung einen solchen stufenweisen Fortschritt in der*
« *Ausbildung des Organs unmittelbar verfolgen können,* ebenso *muss derselbe*
« *in der geschichtlichen (phyletischen) Entstehung des Organs stattgefunden*
« *haben.* » Ernst Hackel, *Natürliche Schöpfungsgeschichte,* p. 633-634. 2e
Auflage, Berlin, 1870.

Or, que nous dit Häckel?

Il nous dit simplement qu'en dessous, par exemple, de l'œil le plus parfait, on trouve dans le règne animal toute une série d'organes visuels de plus en plus simples.

Mais que résulte-t-il logiquement de ce fait?

Il en résulte uniquement qu'outre l'œil le plus parfait, qui est une merveille de combinaison mécanique, il y en a une foule d'autres moins compliqués et révélant moins de calcul, quoique, en fait, la sensibilité à la lumière d'une tache pigmentaire ou d'un simple filet nerveux soit déjà pour la science, Darwin l'avoue (1), un problème peut-être aussi ardu que celui de l'origine même de la vie. Or, lorsque l'on se contente d'énoncer qu'il y a dans l'organe visuel des degrés très divers de combinaison, on ne montre *nulle part* qu'il n'y a pas eu combinaison, on n'a pas dit un *seul mot* pour rendre plausible l'opinion qui considère un instrument d'optique d'une inimitable perfection comme le produit de forces aveugles; en d'autres termes, on n'a pas dit un mot pour expliquer réellement comment l'organe *le plus admirablement combiné* n'a cependant été *en aucune façon combiné*. Häckel agit ici à l'instar de celui qui, pour montrer qu'un navire comme le célèbre *Leviathan* n'est pas une merveille de la mécanique, se contenterait de dire qu'en dessous du Leviathan on peut descendre par une série nombreuse de navires jusqu'à l'embarcation primitive du sauvage, consistant en un tronc d'arbre creusé.

2° Lorsque nous disons qu'Häckel ne dit pas un mot qui puisse résoudre la difficulté, nous nous trompons. Le professeur d'Iéna dit, en effet, des choses qui auraient une extrême importance si elles ne reposaient sur une pure *pétition de principe*. D'après lui la science constate, *d'abord* dans une simple tache pigmentaire, l'apparition de l'organe visuel le plus élémentaire chez les animaux. *Ensuite* elle voit apparaître un organe plus parfait par l'adjonction du nerf optique. *Plus tard* se montre un organe plus parfait encore par la formation d'une espèce de cristallin, mais il reste *encore* à acquérir les appareils d'accommodation de l'œil et autres perfectionnements plus délicats qui paraîtront

____

(1) Cf. Ch. Darwin, *On the origin of species* p. 225. London, 1869.

enfin. Certes, si les choses s'étaient passées comme le raconte Häckel, il est bien clair que le darwinisme, en tant du moins qu'on le considère uniquement comme un système évolutionniste, serait doué d'une sérieuse probabilité. Mais tout cela, il faut le dire, n'est que du roman scientifique. La science n'a pas vu *d'abord* apparaître dans le règne animal la tache pigmentaire, *puis* un filet nerveux, *plus tard* un corps lenticulaire ou réfringent, et ainsi de suite. Tout cela est simplement l'hypothèse darwiniste, de laquelle on part comme d'un *fait acquis*, lorsqu'il faudrait commencer par la rendre acceptable. Mais ce qui est seul réel, ce qui est seul de la science sérieuse, c'est que l'anatomie comparée constate, *aujourd'hui même et dans le même temps*, tous ces degrés divers de perfection dans l'organe visuel.

Aussi nous ne pouvons nous empêcher d'appliquer ici le jugement qu'Agassiz porte des darwinistes en général, et d'Häckel en particulier :

« Loin d'apporter pour preuves certaines données d'où sa doctrine découle directement, le darwinisme travestit à son profit les faits acquis (1). »

Nous croyons pouvoir dire, en effet, que nous avons pris ici Häckel en flagrant délit de travestissement des faits.

3° Häckel sent pourtant la nécessité de justifier un peu la succession *chronologique* qu'il affirme avoir eu lieu dans la formation des organes de plus en plus parfaits. Et la raison qu'il apporte est celle-ci : *L'ordre de succession qui s'observe dans le développement individuel, et que les recherches embryologiques ont mis en lumière, doit également ment s'être présenté dans le développement historique de l'organe que l'on considère.* Mais, encore une fois, la loi qui, d'après Häckel, règle les rapports entre le développement individuel des organes et leur développement *historique* n'est qu'une des hypothèses particulières qu'implique le darwinisme. Cette hypothèse particulière n'a de valeur que dans les limites de la certitude qui appartient au système lui-même, et si les espèces ne se sont pas transformées, il n'y a pas même eu d'évolution historique des organes. La rela-

____

(1) L. Agassiz. *De l'espèce et de la classification en zoologie* (traduction française par Vogeli), p. 381. Paris, 1869.

tion sur laquelle s'appuie Häckel est donc aussi une pétition de principe ; elle n'est, sous une nouvelle forme, qu'une affirmation pure et simple de l'hypothèse darwiniste ; et comment, pour résoudre une difficulté qui tend à renverser cette hypothèse, peut-il être suffisant d'affirmer ce qu'il faudrait prouver?

4° Häckel exagère d'ailleurs beaucoup le nombre des intermédiaires fournis par l'anatomie comparée, lorsqu'il nous dit que cette science nous montre toutes les transitions possibles entre l'organe visuel le plus simple et l'œil le plus parfait. Darwin lui-même est obligé de reconnaître que lorsqu'il s'agit d'expliquer par la sélection naturelle la formation d'un organe aussi parfait que l'œil d'un aigle, il n'y a moyen, en aucune façon, d'indiquer les *états antérieurs de transition* (1).

Au reste, tout en n'exagérant pas le nombre des formes intermédiaires de l'œil, Darwin pourtant, pour résoudre la difficulté, n'a essentiellement aucune autre explication à donner que celle d'Häckel, qui la lui a empruntée(2). Seulement, pour mieux en dissimuler la faiblesse, il nous dit que, dans ce travail de perfectionnement des formes inférieures de l'œil, la sélection naturelle *surveille toujours attentivement l'apparition de toute modification légère dans les couches transparentes, conservant avec soin celle qui, dans des circonstances diverses, de quelque manière et à quelque degré que ce soit, tend à produire une image plus nette.....* *La sélection naturelle s'empare*, nous dit-il encore, *avec une sagacité infaillible, de chaque nouveau perfectionnement* (3).

Sans doute, si la sélection naturelle avait toutes les facultés que lui prête ici Darwin, la difficulté serait résolue, *en présupposant toutefois la variabilité indéfinie des formes organiques*. Mais, malheureusement pour la théorie, la sé-

(1) Cf. Ch. Darwin, *On the origin of species*, p. 225.
(2) Cf. Ibidem. p. 222-226.
(3) « Further we must suppose that there is a power, represented by natural « selection..., *always intently watching each light alteration in the transparent* « *layers ; and carefully preserving each which, under varied circumstances, in any* « *way or in any degree, tends to produce a distincter image... Natural selection* « *will pick out with unerring skill each improvement.* » Ch. Darwin, *On the origin*, etc., p. 226.

lection naturelle n'a pas de telles aptitudes : Darwin abuse ici du langage figuré en la personnifiant. La sélection naturelle, d'après le darwinisme, n'est pas même un agent spécial ; elle n'est que le résultat fatal de la succession des faits, l'effet produit par leur concours fortuit. Donc la sélection naturelle est incapable *d'attention*, elle ne *surveille rien*, elle n'est pas *soigneuse*, elle ne peut rechercher ce qui *tend* à produire un avantage, et loin d'être douée d'une *infaillible sagacité*, elle n'a pas de sagacité du tout.

Ainsi le darwinisme est impuissant à expliquer comment des organes, *admirablement combinés*, peuvent avoir été produits sans *combinaison*. Tout ce qu'il essaie, sous ce rapport, n'est qu'illusion, impuissance ou travestissement des faits.

X.

On peut donc se demander quelle est la raison grave qui porte Darwin à répudier les idées de Cuvier et d'Agassiz sur la réalisation d'un plan divin dans l'organisation, idées si conformes d'ailleurs au sens commun, et admises par quelques écrivains transformistes eux-mêmes, quoique, ainsi conçu, le transformisme devienne sans but. Or, la raison fondamentale du système de Darwin se trouve déjà indiquée, entre autres passages, dans une citation de notre premier article, sur laquelle nous devons encore une fois revenir ici. En parlant de la similitude de structure dans les membres d'une même classe animale, Darwin nous dit :

« Rien de plus vain que d'essayer d'expliquer ce plan similaire dans les membres d'une même classe, par une raison d'utilité ou par la doctrine des causes finales... Au point de vue ordinaire de la création indépendante de chaque être, nous pouvons seulement dire qu'il en est ainsi; qu'il a plu au Créateur de construire tous les animaux et les plantes de chaque grande classe sur un plan uniforme ; mais CELA N'EST PAS UNE EXPLICATION SCIENTIFIQUE.

» L'explication, au contraire, est manifeste, d'après la théorie de la sélection de petites et lentes modifications, chacune d'elles étant profitable, en quelque manière, à la forme modifiée, et affectant souvent par corrélation d'autres parties de l'organisation (1). »

Ainsi, d'après Darwin, il n'y a que deux voies possibles pour rendre raison de la structure similaire des animaux d'une même classe, de tous les mammifères, par exemple : ou bien admettre que le Créateur a construit tous ces animaux d'après le même plan, *ce qui ne serait pas scientifique;* ou bien expliquer cette similitude de structure comme un caractère hérité d'un progéniteur commun conformément à la théorie de la sélection naturelle.

L'argument fondamental sur lequel repose le système, peut donc être formulé de cette manière :

Si l'on n'admet pas que les caractères communs des animaux d'une même classe soient hérités d'un progéniteur commun lentement modifié par la sélection naturelle, il faut alors admettre que le Créateur a construit ces animaux d'après un même plan. Or, cette dernière explication n'est pas scientifique. Donc il faut préférer la première.

Eh bien ! nous pouvons le dire hardiment, cette base sur laquelle Darwin veut bâtir son système n'est rien, ou bien elle n'est qu'une équivoque.

Si, en effet, par *explication scientifique,* on entend celle qui, pour rendre raison des faits, ne considère que le jeu des causes secondes, la réaction des agents physiques ou même des êtres organisés entre eux, il est incontestable que l'assertion de Darwin est exacte : faire appel à l'intervention de la Divinité pour rendre raison de l'origine des espèces ne serait pas, dans ce sens, une explication scientifique. Mais alors Darwin, au lieu de prendre le mot *scientifique* dans un sens *général,* le prend dans un sens *restreint;* il n'a en vue que les *sciences naturelles.* Par

---

(1) « Nothing can be more hopeless than to attempt to explain this similarity of pattern in members of the same class, by utility or by the doctrine of final causes... On the ordinary view of the independent creation of each being, we can only say that so it is; that it has pleased the Creator to construct all the animals and plants in each great class on a uniform plan; but THIS IS NOT A SCIENTIFIC EXPLANATION.

« The explanation is manifest according to the theory of the selection of successive slight modifications, each modification being profitable in some way to the modified form, but often affecting by correlation other parts of the organisation. » Ch. Darwin, *On the origin of species,* p. 517.

conséquent la mineure du raisonnement posé plus haut
revient simplement à ceci :

Or, cette explication n'est pas du ressort des sciences na-
turelles.

Mais dire qu'une explication n'est pas du ressort des
sciences naturelles, ce n'est pas dire qu'elle soit mauvaise.
Darwin n'est donc pas autorisé à conclure qu'on doit préférer son explication à moins que, préalablement, il ne
prouve que, pour résoudre le problème de l'origine des espèces, nous ne pouvons nous élever jusqu'à la Cause créatrice, et que la solution cherchée reste nécessairement dans
le domaine des sciences empiriques, qui ne s'occupent que
des causes secondes.

De cette démonstration préalable nous ne trouvons pas
une ligne, pas un mot dans tous les ouvrages de Darwin ;
et cette démonstration ne sera jamais faite, parce que, en
réalité, elle est impossible. Il y a plus : toutes les impossibilités qu'implique le darwinisme, quoiqu'il soit de toutes
les théories de descendance la plus en faveur, montrent
que la solution ne peut être demandée aux sciences naturelles, et que précisément, selon la remarque d'Ad. Brongniart, les darwinistes font fausse route en cherchant à
résoudre, d'une manière purement naturelle, un problème
qui implique une *Cause surnaturelle* (1).

Le darwinisme roule donc tout entier sur une évidente
pétition de principe, sur un point de départ répudié par les
naturalistes les plus illustres. C'est un système suspendu
dans le vide : si on l'analyse jusqu'au bout, il finit véritablement par ne plus reposer sur aucune base.

XI.

Ainsi, en résumé, le darwinisme, d'une part, dans tout
ce qu'il a de commun avec tous les systèmes qui admettent
la transformation des êtres organisés, a contre lui la fixité
des espèces, fixité constatée depuis les temps historiques les
plus reculés, en même temps que les faits fournis par la paléontologie ; et, d'autre part, dans les lois et les idées qui lui

(1) Cf. *Revue des cours scientifiques*, tome VII, p. 563. Paris, 1870.

appartiennent en propre, il, aboutit à des impossibilités et à des contradictions mal dissimulées par des pétitions de principe de tout genre.

Aussi on se tromperait étrangement si l'on s'imaginait que le succès du darwinisme est dû principalement à la valeur des arguments scientifiques qu'il invoque. C'est en Allemagne, sans contredit, que le darwinisme compte le plus d'adhérents. Or, la plupart sont panthéistes, et par conséquent *a priori* partisans de la théorie de descendance, quelles que soient les bases scientifiques sur lesquelles on l'appuie. Ils l'admettaient déjà avant l'apparition du système particulier de Darwin, et comme celui-ci paraissait mieux lié que celui de ses devanciers et a pour lui l'attrait de la nouveauté, ils ne pouvaient manquer de s'y rallier.

« Le point de vue panthéiste dans l'intuition du monde, nous dit Hoffmann, point de vue qui paraît être dominant aujourd'hui parmi les naturalistes, conduit, comme déduction logique, avec une inéluctable nécessité à l'hypothèse de descendance; mais si l'on procède par induction, l'étude de la nature la contredit dans les données empiriques (1). »

Or, ce que l'on appelle ici les données empiriques, ce sont, en dernière analyse, les faits sur lesquels s'appuie la science positive.

Et un peu plus loin, tout en vantant la *grandeur* et la *simplicité* de l'hypothèse darwinienne, tout en déclarant qu'elle est la *meilleure connue (wir keine bessere kennen)* (2),

(1) « Die pantheistische Weltanschauung, welche gegenwärtig unter den « Naturforschern die herschende zu sein scheint, führt auf deductivem Wege « mit zwingender Nothwendigkeit zu der Descendenz-Hypothese; die induc- « tive Naturbetrachtung widerspricht ihr in den empirischen Fundamenten. » Herm. Hoffmann, *Untersuchungen zur Bestimmung des Werthes von Species und Varietät. Ein Beitrag zur Kritik der* Darwin'schen *Hypothese*, p. 26. Giessen, 1869.

(2) Cf. p. 28, ibidem.

Häckel lui-même, malgré tout son enthousiasme, semble n'admettre le darwinisme qu'à titre provisoire.

« Maintenant, dit-il, nous sommes en tout cas obligés d'admettre et de défendre cette théorie *jusqu'à ce qu'il s'en trouve une meilleure* qui entreprenne d'éclaircir d'une manière aussi simple la même abondance de faits (Wir sind nun verpflichtet, diese Theorie auf jeden Fall anzunehmen und so lange zu behaupten, bis sich eine bessere findet, die es unternimmt, die gleiche Fülle von Thatsachen ebenso einfach zu erklären) ». *Natürliche Schöpfungsgeschichte*, p. 25-26.

le professeur de Giessen reconnaît encore nettement qu'elle n'est pas basée sur les faits.

« Le côté faible de l'hypothèse de Darwin, nous dit-il, c'est qu'elle repose sur des prémisses qui ne sont pas fondées sur l'expérience (1). »

Le succès du système de Darwin en Allemagne, et un peu ailleurs, est donc dû surtout aux tendances panthéistes et matérialistes de la plupart de ses partisans (2). Généralement ils n'en font pas mystère. Pour Häckel, le principal motif de son adhésion au darwinisme est que, d'après lui, cette théorie permet d'exclure du monde organique toute intervention surnaturelle et rend superflu un Créateur (3); et il revient à chaque instant sur le mérite que présente le darwinisme de se concilier parfaitement avec le *monisme*, c'est-à-dire, en d'autres termes, avec le panthéisme, tandis qu'évidemment la théorie de la création indépendante des espèces requiert nécessairement l'intervention d'un Dieu personnel ou l'admission de ce que Häckel appelle le *dualisme* (4). Assurer le triomphe du *monisme*, voilà donc pour Häckel le résultat le plus important du darwinisme.

« Tout ce qui, nous dit-il, a été tenté avant Darwin pour rendre raison d'une manière purement naturelle et mécanique de l'origine des animaux et des plantes, n'a pu réussir à faire percer ces vues et à leur concilier l'adhésion géné-

---

(1) « Die schwache Seite der Darwin'schen Hypothese ist, dass sie auf « Prämissen beruht, welche nicht in der Erfahrung begründet sind. » Herm. Hoffmann, opere citato, p. 28.

(2) Cf. Dr Bernard Altum. *Der Vogel und sein Leben*, p. 273. Münster 1869.

(3) Cf. Ernst Häckel, *Generelle Morphologie*, Bd I, p. 289. Berlin, 1866 — *Natürliche Schöpfungsgeschichte*, p. 10.

Pour Häckel l'idée de la réalisation d'un plan divin dans les formes organiques est tout simplement absurde. Le mot *plan* rappelant les facultés et aptitudes de l'homme, les naturalistes qui parlent d'un plan divin tombent, d'après Häckel, dans une erreur spéciale qu'il appelle *anthropomorphisme*. Ce sont là, dit-il, d'*absurdes représentations anthropomorphiques du Créateur (jene absurden anthropomorphischen Vorstellungen vom Schöpfer*. Cf. *Natürliche Schöpfungsgeschichte*, p. 17). Il est vrai qu'Häckel fausse les idées de ses adversaires en y ajoutant des détails effectivement absurdes. Ainsi, d'après lui, dans le système d'Agassiz *on doit se représenter le Créateur lui-même comme un organisme (Man muss sich.... den Schöpfer als einen Organismus vorstellen.* Ibidem). Cf. p. 57, 60-64 et alibi passim.

(4) Cf. Ernst Häckel, *Natürliche Schöpfungsgeschichte*, p. 19, 20, 67 et alibi passim. 2te Auflage, Berlin, 1870.

rale. La théorie de Darwin y est parvenue tout d'abord, et c'est là ce qui lui donne un immense mérite (1). »

Cependant, si tous les naturalistes *monistes* sont forcés d'admettre une théorie quelconque de descendance, et admettent, au moins provisoirement, *parce qu'ils n'en connaissent pas de meilleure*, la théorie darwinienne, il ne s'en suit en aucune façon que le darwinisme exclut *per se* un Créateur pour la première origine des choses. Certainement le système ne va pas aussi loin ; il exclut seulement toute intervention surnaturelle ou créatrice dans la formation des espèces, qu'il fait dériver *accidentellement* d'une ou de quelques formes primitives ; mais il réserve la question de l'origine première de la vie, et même Darwin l'attribue formellement à l'action directe du Créateur.

Aussi l'école allemande darwiniste ajoute généralement au système de Darwin l'hypothèse de la *génération spontanée*, entendue aussi, cela va sans dire, dans un sens athée. Häckel fait surgir par *autogonie* du sein de la nature inorganique, les formes vivantes primitives (2), et Büchner va jusqu'à dire que l'idée de Darwin d'attribuer au Créateur la première apparition de la vie *suffit à rendre défectueuse et même à ruiner toute la théorie* (3).

En résumé donc, la raison fondamentale sur laquelle Darwin appuie, en dernière analyse, son système, c'est qu'il veut échapper à l'intervention d'un plan divin dans l'origine des espèces. Pour la plupart de ses partisans les plus bruyants en Allemagne et ailleurs, le darwinisme est la bonne doctrine, parce qu'il peut se concilier avec la négation complète d'un Dieu créateur.

Or, toutes ces considérations sont complétement étrangères aux données de la science positive. En nous maintenant donc sur ce terrain, nous avons, je pense, le droit de

(1) « Alles...., was vor Darwin geschehen ist, um eine natürliche mechanische Auffassung von der Entstehung der Thier und Pflanzenformen zu begründen, vermochte diese nicht zum Durchbruch und zu allgemeiner Anerkennung zu bringen. Dies gelang erst Darwins Lehre, und hierhin liegt ein unermessliches Verdienst derselben.» Ernst Häckel, *Nat. Schöpf.*, p. 20.

(2) Cf. Ernst Häckel, *Natürliche Schöpfungsgeschichte*, p. 302-310. — *Generelle Morphologie*, Bd I, p. 148.

(3) L. Büchner. *Conférences sur la théorie darwinienne*, p. 66. Paris, 1869.

dire que pour les naturalistes sans préjugés philosophiques, pour les savants qui n'éprouvent pas le besoin de se passer d'un Dieu créateur, pas plus en ce qui regarde la formation des espèces que par rapport à l'origine première de la vie, il est impossible d'admettre la théorie de Darwin avec toutes les lacunes et les impossibilités logiques qu'elle implique.

Et c'est précisément parce que cette théorie, avec toutes ses impossibilités, est cependant acceptée par quelques naturalistes comme un point de départ certain pour leurs recherches, qui sont ainsi viciées dans leurs résultats par l'esprit de système, que nous considérons comme parfaitement exact le jugement porté par Agassiz sur le darwinisme, et placé comme épigraphe en tête de cet article :

« Je considère cette doctrine comme contraire aux vraies méthodes dont l'histoire naturelle doit s'inspirer, comme pernicieuse et fatale aux progrès de cette science (1). »

A la rigueur, nous pourrions nous en tenir à cette critique générale du darwinisme. Nous croyons avoir montré suffisamment que les bases du système ne sont pas sérieuses : les conséquences particulières que l'on en déduit, quelque logiques qu'elles puissent être, ne sauraient donc être admises comme l'expression de la réalité, puisque le point de départ est lui-même inacceptable. La prétention du système de Darwin de nous faire descendre d'une série de formes inférieures est donc sans valeur scientifique. Cependant en présence de tout ce que les darwinistes ont publié et publient encore relativement à la question spéciale de l'origine de l'homme, il n'est pas sans utilité de s'y arrêter encore un peu, et ce sera l'objet d'une prochaine étude.

(1) L. Agassiz. *De l'espèce et de la classification en zoologie* (traduction française par F. Vogeli). p. 375. Paris, 1869.

Nous avons essayé dans notre précédent article de faire la critique générale, mais nécessairement dans des limites très restreintes, des idées et des principes du darwinisme. Nous espérons que notre travail aura été suffisant pour faire saisir les vices essentiels du système. Il nous reste maintenant, pour accomplir notre tâche, à nous occuper des travaux que les darwinistes ont consacrés *spécialement* à la question de l'homme.

Cette question, Darwin ne la traitait pas *particulièrement* dans son célèbre ouvrage *Sur l'origine des espèces.* Tout en indiquant clairement sa pensée, tout en posant des principes qui impliquent nécessairement l'origine bestiale de l'homme, Darwin s'enveloppait à ce sujet d'une discrétion propre à faire illusion à des lecteurs peu attentifs ; et si l'homme figurait parfois dans un argument, ce n'était que d'une manière tout-à-fait incidente, et sans que l'auteur eût l'air d'y prendre garde.

Tout cela, —les disciples de Darwin nous l'avaient dit avant lui, et lui-même vient de nous le répéter (1), —tout cela n'était qu'une tactique. Il voulait, par cette réserve apparente, ménager le succès de sa théorie ; mais maintenant que ce succès lui paraît assuré, *le cas présente un tout autre aspect* (2), nous dit-il, et le moment lui semble venu d'*examiner jusqu'à quel point les conclusions générales, déduites dans ses premiers ouvrages, étaient applicables à l'homme.*

(1) Cf. Ch. Darwin, *The descent of man, and selection in relation to sex*, vol. I, p. 1 et 2. London, 1871.

(2) *Now the case wears a wholly different aspect.* Ibidem.

Toutes ces conclusions, en effet, ne sont pas également propres à entrer dans une monographie darwiniste. Ainsi que le fait remarquer Darwin, les arguments tirés de la nature des *affinités qui relient ensemble des groupes entiers d'organismes, la distribution géographique de ces groupes dans le passé et dans le présent, et leur succession géologique :* tout cela n'est pas applicable à une espèce quelconque étudiée à part. Mais il reste à considérer, dans ce cas, l'*homologie de structure,* le *développement embryologique* et les *organes rudimentaires,* sauf à ne pas perdre de vue l'appui qu'apportent à la théorie de l'évolution les arguments de la première classe (1).

Ces quelques lignes résument tout le programme du dernier travail de Darwin. Il faut cependant y ajouter la considération des phénomènes supposés de *réversion,* auxquels il est fait aussi le plus large appel.

Telle est donc la méthode suivie par Darwin dans la *monographie* de l'homme qu'il a publiée en deux volumes, sous ce titre : *L'origine de l'homme et la sélection en rapport avec le sexe.* Cette œuvre lui a paru d'autant plus désirable, que jusqu'à présent il n'avait fait à aucune espèce une application *ex-professo* (*deliberately*) des vues de son système (2). Nous avons donc l'honneur du privilége : l'espèce humaine est la seule jusqu'ici à laquelle Darwin ait fait l'application de son système dans un travail spécial. Loin donc d'être exclu de la théorie, comme quelques-uns l'avaient pensé contre toute évidence, l'homme désormais y occupera le premier rang.

Mais parmi les disciples, il en était plusieurs que ne retenaient pas, au même degré des motifs de prudence, et qui ne tardèrent pas, après l'apparition de l'*Origine des espèces,* à développer les conséquences du système par rapport à l'homme. Il nous suffira de citer, pour l'Angleterre, Huxley (3) et Wallace (4) ; pour l'Allemagne,

(1) Cf. op. cit., ibidem.

(2) Ibidem.

(3) Th. Huxley. *Evidence as to man's place in nature.* London, 1863.

(4) A.-R. Wallace. *The development of human races under the law of natural selection* apud *Anthropological Review,* May, 1864. — *Contributions to the heory of natural selection,* p. 302-331. 2nd edition, London, 1871.

Vogt(1), Büchner(2), Rolle(3) et surtout Häckel(4); pour l'Italie, Canestrini (5); pour la France, G. Pouchet (6); sans compter une foule de brochuriers et de conférenciers, qui sont venus, avec plus d'ardeur que de science, mêler leurs voix aux affirmations des interprètes plus autorisés de la nouvelle doctrine. Mais en somme, c'est en Angleterre et surtout en Allemagne que l'application du darwinisme à l'homme a obtenu le plus bruyant succès.

Au reste Darwin n'est pas le seul qui se soit d'abord enveloppé de réticences peu sincères en ce qui regarde l'origine de l'homme. Il est curieux, sous ce rapport, de voir l'attitude embarrassée de plusieurs écrivains transformistes. Nous citerons, comme exemple, le travail de E. Dally : *L'ordre des primates et le transformisme,* où l'auteur commence par dire que son but n'est pas d'établir que l'homme descend d'une souche commune à tous les singes (7), quoique, en fait, tel soit évidemment le but essentiel de la disser-

(1) Karl Vogt. *Vorlesungen über den Menschen, seine Stellung in der Schöpfung und in der Geschichte der Erde.* 2 Bände, Giessen 1863. — *Ueber die Mikrocephalen oder Affen-Menschen,* apud *Archiv für Anthropologie,* II, 129. — *Menschen, Affen-Menschen, Affen, und Prof. Th. Bischoff in München,* in *Moleschott's Untersuchungen zvr Naturlehre des Menschen und der Thiere,* X, p. 493. Giessen, 1868.

(2) L. Büchner. *Sechs Vorlesungen über die Darwinsche Theorie und die erste Entstehung der Organismenwelt, sowie über die Anwendung der Umwandlungstheorie auf den Menschen.* Leipzig, 1868. — *Die Stellung des Menschen in der Natur in Vergangenheit, Gegenwart und Zukunft, oder : Woher kommen wir ? Wer sind wir ? Wohin gehen wir ?* Leipzig, 1869.

(3) Dr Friedr. Rolle. *Der Mensch im Lichte der Darwin'schen Lehre.* Frankfurt 1866.

(4) Ernst Häckel. *Generelle Morphologie der Organismen. Allgemeine Grundzüge der organischen Formen-Wissenschaft, mechanisch begründet durch die von Ch. Darwin reformirte Descendenztheorie.* 2 Bände; Berlin, 1866. — *Ueber die Entstehung und den Stammbaum des Menschengeschlechts.* 2 Vorträge, Berlin, 1868. — *Natürliche Schöpfungsgeschichte. Gemeinverständliche wissenschaftliche Vorträge über die Entstehungslehre, über die Anwendung derselben auf den Ursprung des Menschen und andere damit zusammenhänge Grundfragen der Naturwissenschaft.* 2te Auflage, Berlin, 1870.

(5) G. Canestrini, apud *Annuario della Società dei Naturalisti in Modena,* 1867. — *Origine dell' uomo,* Milano, 1866.

(6) G. Pouchet. *De la pluralité des races humaines.* Paris, 1864.

(7) Cf. E. Dally, *L'ordre des primates et le transformisme,* p. 4. Paris, 1869.

tation. Indiquons aussi un discours prononcé à la nouvelle Université italienne, à Rome, par G. Lignana, et dans lequel, tout en protestant contre les susceptibilités religieuses éveillées par le darwinisme (1), l'orateur se garde bien d'indiquer le nœud de la question.

Nous allons donc maintenant examiner les vues des darwinistes relativement à notre espèce. La méthode que nous suivrons est d'ailleurs toute tracée par le sujet lui-même. Dans notre premier article, nous avons dû nous borner à établir d'une *manière générale* que le darwinisme, même en s'en tenant au *Traité de l'origine des espèces*, implique la dérivation de l'homme de formes animales quelconques inférieures, qui se seraient lentement et insensiblement modifiées. Il nous reste maintenant à faire connaître la *généalogie* de l'homme d'après le darwinisme, en même temps que le *mode de développement de ses facultés mentales*; en un mot, à exposer en détail ce qu'est l'homme dans le système. Puis nous essaierons, en nous plaçant sur le terrain scientifique, de faire la critique des vues exposées.

PREMIÈRE PARTIE.

L'HOMME D'APRÈS LE DARWINISME.

Evidemment aucun interprète n'est mieux autorisé que Darwin lui-même à nous dire ce qu'est l'homme dans son système. Or, comme le naturaliste anglais a récemment développé, comme nous venons de le dire, l'application à notre espèce des principes et des idées de la théorie darwinienne, notre tâche est facile. Häckel également pourra nous être particulièrement utile sous ce rapport. Il y a, en effet, entre lui et Darwin une communauté remarquable de vues dans l'analyse de l'homme. C'est à tel point que si l'*Histoire naturelle de la création* du professeur d'Iéna avait paru plus tôt, Darwin, il le déclare lui-même, n'aurait probablement jamais achevé son ouvrage sur l'homme. La

(1) Cf. Giacomo Lignana, *Le trasformazioni delle specie e le tre epoche delle lingue e letterature indo-europee*, p. 7, 8, 9. Roma, 1871.

raison en est qu'au jugement de ce dernier, *presque toutes les conclusions* (1) auxquelles il est arrivé se retrouvent dans l'œuvre d'Häckel, en sorte que celle-ci pourrait suppléer l'*Origine de l'homme* de Darwin. Nous devons cependant dire que les recherches de Darwin par rapport à l'homme sont beaucoup plus considérables que celles d'Häckel.

Quoiqu'il en soit du mérite relatif des deux ouvrages au point de vue darwiniste, nous pouvons donc, de l'aveu de Darwin lui-même, tenir Häckel pour l'organe le plus fidèle, en dehors du Maître, de la pensée du système par rapport à l'homme.

Nous puiserons donc surtout à l'*Origine de l'homme* de Darwin et à l'*Histoire naturelle de la création* d'Häckel.

<h1 style="text-align:center">I</h1>

Or, d'après Darwin voici d'où vient et ce qu'est l'homme.

Après avoir longuement développé toutes les affinités de structure et de caractères qui relient l'homme aux mammifères inférieurs et notamment aux singes : plan de construction homologue, phases embryonnaires semblablés, organes rudimentaires chez l'homme et qui se rencontrent à l'état parfait chez d'autres animaux, soumission à des maladies identiques, similitude des fonctions physiologiques et une multitude d'autres points de détail, Darwin nous ramène, en vertu des principes exposés dans l'*Origine des espèces*, à cette conclusion : *les caractères communs à l'homme et aux animaux inférieurs doivent être considérés comme un legs hérité d'un même progéniteur*; et, si le caractère envisagé se retrouve en descendant plus ou moins bas dans la série animale, il doit être considéré comme provenant de la souche commune des mammifères et même de tout l'embranchement des vertébrés.

Si l'on s'étonne de telles assertions, c'est que l'on n'est pas au courant de la science. « La pensée, nous dit Darwin, que des animaux aussi distincts qu'un singe ou un éléphant et un oiseau-mouche, qu'un serpent, une grenouille et un

(1) Cf. Ch. Darwin, *The descent of man*, vol. I, p. 4.

poisson, etc., aient pu tous descendre des mêmes parents, paraîtra une énormité à ceux *qui n'ont pas suivi le récent progrès de l'histoire naturelle* (1). » En ce qui regarde l'homme, c'est, dit-il, se mettre, au point de vue intellectuel, au rang des *sauvages*, que de le considérer comme l'œuvre d'un acte séparé de création. « Celui, écrit Darwin, qui ne se contente pas, *semblable au sauvage,* de considérer comme privés de connexion les phénomènes de la nature, ne peut plus désormais croire que l'homme est l'œuvre d'un acte séparé de création (2). »

Quant à la construction de notre arbre généalogique, Darwin, conséquent avec lui-même, la fait surtout en partant de deux principes du système. Ces principes sont :

1ᵉʳ La classification naturelle n'est que l'expression des rapports généalogiques qui unissent les êtres.

2ᵉ Les caractères que les espèces possèdent en commun révèlent la structure primitive de la souche dont ces espèces sont issues ; et les caractères qui les séparent doivent être considérés comme les modifications survenues après la divergence de la souche (3).

Partant donc de ces principes, Darwin arrive ainsi à établir que nous descendons de la souche des primates.

Il constate d'abord avec Huxley la loi suivante : *Si l'on compare anatomiquement l'homme et les singes, on trouve, quel que soit le point de comparaison choisi, qu'il y a toujours moins de différence entre l'homme et le singe anthro-*

(1) « The belief that animals so distinct as a monkey or elephant and a « humming-bird, a snake, frog, and fish, etc. could all have sprung from the « same parents, will appear monstrous to those *who have not attended to the* « *recent progress of natural history.* » Ch. Darwin, *The descent of man*, vol. I, p. 203. London, 1871.

(2) « He who is not content to look, *like a savage,* at the phenomena of na- « ture as disconnected, cannot any longer believe that man is the work of a « separate act of creation. » Ch. Darwin, opere citato, vol. II, p. 386.

(3) Darwin admet pourtant que, pour certains caractères peu importants et plus ou moins fugaces dans un même groupe, leur apparition chez deux espèces différentes peut parfois être simplement le résultat de la *similitude de constitution* héritée du progéniteur commun, sans que néanmoins celui-ci ait présenté le caractère que l'on envisage. Cf. *Origin of species*, p. 194-203. — *The variations of animals and plants under domestication*, vol. II, p. 348. London 1868. — *The descent of man*, vol. I, p. 194.

poïde (1) *le plus élevé sous ce rapport, qu'il n'y en a, sous le même rapport, entre ce singe anthropoïde et un autre singe inférieur.* Darwin en conclut que le classement de l'espèce humaine dans l'ordre des *bimanes*, créé par Blumenbach et Cuvier, n'a pas de raison d'être, et qu'elle doit être rangée dans le groupe des *primates* avec les singes et les *lémuriens* (2). Or, du moment que l'homme fait partie des primates, il descend nécessairement, si l'on accepte avec les darwinistes le premier principe posé plus haut, du progéniteur commun à tout le groupe.

Mais, d'après Darwin, il y aurait moyen de déterminer avec plus de précision encore nos proches parents du règne animal. L'homme, en effet, au sens du naturaliste anglais, a les affinités les plus étroites avec les singes. Et comme il y a parmi ceux-ci deux groupes : les singes *catarrhins* ou de l'ancien monde, qui offrent des *narines s'ouvrant en-dessous et séparées par une étroite cloison, en même temps que quatre prémolaires à chaque mâchoire*, et les singes *platyrrhins* ou du nouveau monde, qui ont les *narines s'ouvrant sur le côté et très écartées, avec six prémolaires à chaque mâchoire*, il faut comparer l'homme à chacun d'eux. Or, dit Darwin, «l'homme appartient manifestement par sa dentition, par la disposition de ses narines et sous quelques autres rapports, à la division des singes catarrhins ou de l'ancien monde (3).» Le savant anglais est donc nécessaire-

(1) Les singes *anthropoïdes* sont ainsi nommés parce que leur structure anatomique offre avec l'homme une ressemblance plus grande que celle des autres singes. Nous connaissons quatre singes anthropoïdes : l'*orang-outan*, qui n'a encore été trouvé qu'à Sumatra et à l'île Bornéo; le *chimpanzé*, originaire des parties centrales de l'Afrique; le *gibbon*, dont on connaît plusieurs espèces, qui appartiennent toutes au midi de l'Asie, et enfin le célèbre *gorille* qui habite les jungles les plus épaisses de l'Afrique équatoriale, dans le voisinage du fleuve *Le Gabon*. On trouve sur ce dernier anthropoïde plusieurs détails intéressants dans P. Du Chaillu : *Voyages et aventures dans l'Afrique équatoriale*. Paris, 1863.

Des disciples trop empressés avaient voulu voir dans le gorille une souche de l'homme, mais ils sont désavoués par Darwin lui-même. Cf. Ch. Darwin, *The descent of man*, vol. 1, p. 199.

(2) Cf. Ch. Darwin, opere citato, vol. I, p. 191.

(3) Man unquestionably belongs in his dentition, in the structure of his « nostrils, and some other respects, to the catarrhine or old world division. » Ch. Darwin, *The descent of man*, vol. I, p. 196. London, 1871.

ment amené à cette conclusion : « Il n'y a guère moyen, par conséquent, de douter que l'homme est un rejeton du rameau simien de l'ancien monde, et que, au point de vue généalogique, il doit être classé avec la division des singes catarrhins (1). »

Donc encore *nous descendons de la souche propre des singes catarrhins* .

Maintenant quelques naturalistes font un sous-groupe particulier des singes anthropoïdes, et, si l'on admet la légitimité de cette appréciation, Darwin arrive encore à préciser plus étroitement nos relations généalogiques.

« Si l'on admet, nous dit-il, que les singes *anthropomorphes* (2) forment un sous-groupe naturel, alors comme l'homme leur ressemble, non-seulement par tous ces caractères qu'il possède en commun avec tout le groupe catarrhin, mais encore par d'autres caractères particuliers, tels que l'absence de queue et de callosités, et par l'aspect général, nous pourrons conclure que quelque membre ancien du sous-groupe des anthropomorphes a donné naissance à l'homme (3). »

Si cette dernière conclusion, par suite du manque d'accord parmi les naturalistes à considérer les anthropoïdes comme un sous-groupe naturel, n'est pas tout-à-fait certaine, du moins est-il certain, dans tous les cas, que nous descendons d'un *singe*, les affinités étroites qui relient les

----

(1) « There can consequently hardly be a doubt that man is an offshoot « from the old world simian stem; and that under a genealogical point of « view, he must be classed with the catarrhine division. » Ch. Darwin, opere citato, ibidem.

(2) Les singes *anthropoïdes* et les *anthropomorphes* représentent un seul et même groupe. Seulement la seconde qualification n'indiquant pas purement une similitude, mais plutôt une identité de forme, elle paraît moins convenable que la première. Aussi plusieurs naturalistes désignent ces singes sous le nom de *pseudo-anthropomorphes*.

(3) « If the anthropomorphous apes be admitted to form a natural sub- « group, then as man agrees with them, not only in all those characters which « he possesses in common with the whole catarrhine group, but in other pe- « culiar characters, such as the absence of a tail and of callosities and in « general appearance, we may infer that some ancient member of the anthro- « pomorphous sub-group gave birth to man. » Ch. Darwin, *The descent of man*, vol. I, p. 197.

singes catarrhins et platyrrhins ne permettant pas de supposer que leur source commune, et par conséquent la nôtre, n'ait pas été elle-même un singe. Voici comment Darwin établit ce point.

« Les singes catarrhins et platyrrhins se ressemblent par une multitude de caractères, comme cela résulte de ce qu'ils appartiennent évidemment à un seul et même ordre. Les nombreux caractères qu'ils possèdent en commun peuvent difficilement avoir été acquis d'une manière indépendante par tant d'espèces distinctes ; il faut donc que ces caractères aient été hérités. Mais une forme ancienne qui possédait plusieurs caractères commun aux singes catarrhins et platyrrhins et d'autres caractères intermédiaires, et même peut-être quelques-uns différents de tous ceux que l'on rencontre maintenant en n'importe quel groupe, aurait été indubitablement, si elle avait été examinée par un naturaliste, classée parmi les singes. Et comme, au point de vue généalogique, l'homme appartient au groupe catarrhin ou de l'ancien monde, nous devons conclure, quelque révoltante que puisse être cette conclusion pour notre orgueil, que nos progéniteurs anciens auraient été exactement désignés comme singes (1). »

Si maintenant nous voulons descendre plus bas, nous retrouvons la souche commune de tous les primates. Darwin considère tous les singes, en même temps que les *lémuriens* existants, comme dérivés des progéniteurs de ces derniers(2), et ces progéniteurs eux-mêmes comme descendus de formes

---

(1) « The catarrhine and platyrrhine monkeys agree in a multitude of cha-
« racters, as is shown by their unquestionably belonging to one and the same
« order. The many characters which they possess in common can hardly have
« been independently acquired by so many distinct species ; so that these cha-
« racters must have been inherited. But an ancient form which possessed
« many characters common to the catarrhine and platyrrhine monkeys, and
« others in an intermediate condition, and some few perhaps distinct from
« those now present in either group, would undoubtedly have been ranked, if
« seen by a naturalist, as an ape or monkey. And as man under a genealogical
« point of view belongs to the catarrhine or old world stock, we must con-
« clude, however much the conclusion may revolt our pride, that our early
« progenitors would have been properly thus designated. » Ch. Darwin, opere
citato, vol. 1, p. 198-199.

(2) Cf. Ch. Darwin, opere citato, I, p. 202, 213.

placées très bas dans la série des mammifères (1). Les anciens *marsupiaux* seraient, d'après la généralité des darwinistes, les progéniteurs de tous les mammifères *placentaires* (2) ; les marsupiaux eux-mêmes descendraient des *monotrèmes* primitifs (3) ; les monotrèmes enfin seraient issus des poissons anciens, soit directement, soit par l'intermédiaire des reptiles (4). Nous avons probablement passé par une forme voisine de celle des poissons *ganoïdes* et autres poissons analogues au *lepidosiren*. Enfin par des poissons d'une organisation tout-à-fait inférieure comme celle du *lancelet* aujourd'hui existant, nous nous rattacherions à la souche primitive de tout l'embranchement des vertébrés, souche qui a dû ressembler aux larves des *ascidiens* (5).

Les recherches d'Häckel s'accordent parfaitement avec celles de Darwin, ainsi que celui-ci en fait la remarque. Seulement les conclusions de Darwin sur nos progéniteurs anciens et sur l'homme primitif sont plus détaillées. En revanche, Häckel se croit en mesure de rétablir *avec certitude (mit· Sicherheit)* vingt et un degrés de notre arbre généalogique (6), dont il indique comme souche première les *monères*, qu'il définit : *des organismes sans organes (Organismen ohne Organe)* (7), tandis que Darwin, arrivé aux larves des ascidiens, ne descend pas plus bas. Darwin admire d'ailleurs les recherches d'Häckel dans le but de retrouver nos aïeux antérieurs aux mammifères. Il dit à cette occasion : « Celui qui désire voir ce que l'habileté et la science peuvent produire, peut consulter les ouvrages du professeur Häckel (8). »

Nos lecteurs nous permettront sans doute de ne pas trop

(1) Cf. ibidem.

(2) Cf. ibidem.

(3) Cf. ibidem.

(4) Cf. Ch. Darwin, opere citato, vol. I, p. 213.

(5) Cf. Ch. Darwin, *The descent of man*, vol. I, p. 204, 205, 206.

(6) Cf. Ernst Häckel, *Natürliche Schöpfungsgeschichte*, p. 577. 2te Auflage, Berlin, 1870.

(7) Cf. Ernst Häckel, opere citato, p. 578.

(8) « He who wishes to see what ingenuity and knowledge can effect, may consult prof. Häckel's works. » Ch. Darwin, *The descent of man*, vol. I, p. 203.

nous appesantir sur ces lignes éloignées de la descendance de notre espèce. Dès le moment, en effet, où l'on est descendu au-dessous des mammifères, Darwin lui-même reconnaît que l'on est *enveloppé d'une obscurité de plus en plus grande* (5). Revenons donc à nos progéniteurs simiens.

II.

A côté de la question généalogique, ainsi envisagée, comme nous venons de le faire, dans ses lignes essentielles au point de vue darwiniste, il y a une seconde question qui évidemment n'a d'importance qu'en supposant la première résolue, c'est celle de savoir quels sont les caractères du quadrumane dont nous sommes issus.

Darwin résout surtout cette question par l'étude des particularités qu'offre parfois exceptionnellement la structure de l'homme, et qui se retrouvent à l'état permanent chez certains singes. A dire vrai, ces petits détails peu importants peuvent très bien s'expliquer, même d'après les principes du darwinisme, ainsi que nous en avons fait plus haut la remarque, comme des *variations analogues dues à la similitude de constitution* que présentent les descendants d'une même souche, quoique la souche elle-même n'ait pas présenté ces particularités. Mais autant que possible, Darwin y voit des phénomènes de réversion. Voici, par exemple, comment il arrive à établir que notre progéniteur avait des oreilles *pointues*.

« Le célèbre sculpteur, M. Woolner, dit-il, m'informe d'une petite particularité qu'il a souvent observée sur l'oreille externe, tant chez les hommes que chez les femmes, et dont il a saisi toute la signification. Son attention a été d'abord appelée sur ce sujet pendant qu'il travaillait à sa statue de Puck, à qui il a donné des oreilles pointues. Il a été ainsi amené à examiner les oreilles de différents singes et ensuite avec plus de soin celles de l'homme. La particularité consiste en une petite pointe émoussée qui se projette du bord du pavillon replié à l'intérieur, ou hélice. M. Woolner a fait un moule exact d'un cas semblable et m'en a en-

(5) Cf. Ch. Darwin, opere citato, ibidem.

voyé le dessin... Ces pointes ne se projettent pas seulement en dedans, mais souvent un peu en dehors, de manière qu'elles sont visibles lorsqu'on regarde la tête directement, soit en avant, soit par derrière. Elles peuvent varier en grandeur et un peu en position, se trouvant tantôt un peu plus haut, tantôt un peu plus bas ; et elles se présentent parfois à une oreille et non pas à l'autre. Maintenant la signification de ces pointes n'est pas douteuse, je crois ; mais on penserait peut-être qu'elles offrent un caractère trop insignifiant pour être noté. Cette pensée pourtant est aussi fausse qu'elle est naturelle. Tout caractère, même minime, doit être le résultat d'une cause définie, et si on le rencontre chez plusieurs individus, il mérite conidération. Chez plusieurs singes qui n'occupent pas une position élevée dans l'ordre, comme les *babouins* et quelques espèces de *macaques*, la partie supérieure de l'oreille est légèrement pointue, et le bord *n'est pas du tout replié en dedans*, mais *s'il était ainsi replié*, nécessairement une petite pointe se projetterait en dedans et probablement un peu en dehors. C'est ce que l'on pourrait actuellement observer dans les *Jardins zoologiques* sur un spécimen de l'*Ateles beelzebuth* ; et *nous pouvons sûrement conclure que c'est une structure semblable, reste d'oreilles primitivement pointues, qui réapparaît accidentellement chez l'homme* (1). »

(1) « The celebrated sculptor, M. Woolner, informs me of one little pe-
« culiarity in the external ear, which he has often observed both in men
« and women, and of which he perceived the full signification. His atten-
« tion was first called to the subject whilst at work on his figure of Puck,
« to which he had given pointed ears. He was thus led to examine the
« ears of various monkeys, and subsequently more carefully those of man.
« The peculiarity consists in a little blunt point, projecting from the inward-
« ly folded margin, or helix. M. Woolner made an exact model of one
« such case, and has sent me the.... drawing. These points not only project
« inwards, but often a little outwards, so that they are visible when the head
« is viewed from directly in front or behind. They are variable in size and
« somewhat in position, standing either a little higher or lower; and they
« sometimes occur on one ear and not on the other. Now the meaning of these
« projections is not, I think, doubtful; but it may be thought that they offer
« too trifling a character to be worth notice. This thought, however, is as
« false as it is natural. Every character, however slight, must be the result of
« some definite cause; and if it occurs in many individuals deserves conside-

Or, par une suite de recherches qui conduisent, par des déductions aussi rigoureuses, à des conclusions également sûres, voici, en résumé, d'après Darwin, les caractères des progéniteurs de l'homme.

« Les progéniteurs anciens de l'homme étaient, nul doute, jadis couverts de poils, les deux sexes ayant de la barbe ; leurs oreilles étaient pointues et susceptibles de se mouvoir, et leurs corps étaient pourvus d'une queue avec des muscles propres. Leurs membres et leurs corps étaient mus également par plusieurs muscles qui aujourd'hui ne réapparaissent que d'une manière accidentelle, mais que l'on rencontre normalement chez les quadrumanes... Le pied, à en juger par l'état du grand orteil chez le fœtus, était alors préhensile ; et nos progéniteurs étaient, sans doute, par leurs habitudes des animaux grimpeurs, habitant une contrée chaude et boisée. Les mâles étaient pourvus de grandes canines qui étaient pour eux des armes redoutables (1). »

III.

Maintenant que nous connaissons les progéniteurs que nous donne le darwinisme, nous pouvons nous demander

---

« ration.... In many monkeys, which do not stand high in the order, as *ba-* » *boons* aud some species of *macacus*, the upper portion of the ear is slightly » pointed, and the margin *is not at all folded inwards ;* but *if the margin were* » *to be thus folded,* a slight point would necessarily project inwards and pro- » bably a little outwards. This could actually be observed in a specimen of the » *Ateles Beelzebuth* in the *Zoological Gardens ;* and *we may safely conclude* » *that it is a similar structure, a vestige of formerly pointed ears, which* » *occasionnally reappears in man.* » Ch. Darwin, *The descent of man,* vol. I, p. 22-23.

(1) « The early progenitors of man were no doubt once covered with hair, » both sexes having beards ; their ears were pointed and capable of movement ; » and their bodies were provided with a tail, having the proper muscles. Their » limbs and bodies were also acted cn by many muscles which now only occa- » sionnally reappear, but are normally present in the quadrumana..... The » foot, judging from the condition of the great toe in the fœtus, was » then prehensile ; and our progenitors, no doubt, were arboreal in their » habits, frequenting some warm, forest-clad land. The males were provi- » ded with great canine teeth which served them as formidable weapons. » Ch. Darwin, *The descent of man,* vol. I, p. 206-207. — Cf. Vol. II, p. 389.

comment a eu lieu le passage de la souche simienne à l'homme? Or, d'après la théorie, ce passage a été nécessairement gradué au point d'être tout-à-fait insensible. Il y a donc inévitablement beaucoup de vague dans les facultés qu'il y a lieu d'attribuer à·l'homme primitif. Darwin est porté à penser que notre espèce possédait déjà quelque rudiment de langage parlé, dès le moment où elle s'est trouvée largement répandue à la surface de la terre. Häckel, au contraire, pense que le langage articulé n'a pris naissance que lorsque l'homme s'était déjà divisé en plusieurs espèces. .

Voici comment s'exprime à ce sujet Darwin :

« Quelques physiologistes ont conclu des différences fondamentales qui s'observent entre certains idiômes, que l'homme n'était pas un animal parlant dans les premiers temps où il se trouva répandu au loin sur la terre. Mais il est permis de supposer que des langages suppléés par les gestes, et très inférieurs à tout autre actuellement parlé, pourraient avoir été en usage et pourtant n'avoir laissé aucune trace dans les langues subséquentes d'un développement plus élevé. Sans l'usage d'un langage quelconque. quoique imparfait, il semble douteux que l'intelligence de l'homme eût pu atteindre le niveau requis pour expliquer sa situation dominante dès la période primitive (1). »

Ainsi que nous l'avons déjà dit dans notre premier article, la gradation insensible de la bête à l'homme, implique, comme conséquence nécessaire du darwinisme, l'impossibilité d'établir une démarcation précise entre l'homme et ses progéniteurs. Darwin, comme Häckel, proclame nettement cette conséquence.

« L'homme primitif, nous dit-il, en possession d'un très

______

(1) « From the foundamental differences between certain languages, some philologists have inferred that when man first became widely diffused, he was not a speaking animal ; but it may be suspected that languages, far less perfect than any now spoken, aided by gestures, might have been used, and yet have left no traces on subsequent and more highly-developed tongues. Without the use of some language, however imperfected, it appears doubtful whether man's intellect could have risen to the standard implied by his dominant position at an early period. » Ch. Darwin, *The descent of man*, vol. I, p. 234-235.

petit nombre d'arts les plus grossiers et doué à un degré extrêmement imparfait de la faculté de la parole, aurait-il mérité d'être appelé homme? Cela dépend de la définition que nous employons. Dans une série de formes s'élevant insensiblement de quelque créature semblable au singe jusqu'à l'homme tel qu'il existe à présent, il serait impossible de fixer un point précis à partir duquel le terme *homme* devrait être employé. Mais c'est là une matière de très petite importance (1). »

Il n'est pas sans intérêt de voir la description qu'Häckel nous donne de l'*homme primitif*, qui, d'après lui, ne parlait pas.

« Nous ne connaissons pas encore, nous dit-il, de restes fossiles de l'*homme primitif* hypothétique (*Homo primigenius*), qui, durant la période tertiaire, se forma par l'évolution des singes anthropoïdes, soit dans la *Lémurie* (2), soit dans l'Asie du sud (peut-être aussi dans l'Afrique orientale). Mais grâce à la ressemblance extraordinaire qui existe même encore maintenant entre les hommes les plus inférieurs à chevelure laineuse et les singes anthropoïdes les plus élevés, il ne faut qu'une mince imagination pour se représenter entre les deux une forme intermédiaire opérant la liaison, et par le moyen de celle-ci se faire une image approximative de l'homme primitif conjectural. Il aura été, par la forme de la tête, très dolichocéphale et prognathe; sa chevelure était laineuse, la peau était d'une coloration sombre, brunâtre ou noirâtre. Le poil aura été sur tout le corps plus épais que chez aucune espèce d'hommes actuellement vivants; les bras étaient proportionnellement plus longs et plus forts, les jambes au contraire plus courtes et

---

(1) « Whether primeval man, when he possessed very few arts of the rudest « kind, an when his power of language was extremely imperfect, would have « deserved to be called man, must depend on the definition which we employ. « In a series of forms graduating insensibly from some ape-like creature to « man as he now exists, it would be impossible to fix on any definite point « when the term *man* ought to be used. But this is a matter of very little « importance. » Ch. Darwin, opere citato, vol. I, p. 235.

(2) La *Lémurie* est un continent *hypothétique* qui serait maintenant enseveli sous les eaux de l'Océan Indien. Cf. Ernst Häckel, *Natürliche Schöpfungsgeschichte*, p. 321, 619. 2te Auflage, Berlin, 1870.

plus grêles, avec des mollets tout-à-fait rudimentaires. L'attitude n'était qu'à demi-verticale, et les genoux étaient fortement ployés (1). »

On le voit : quoique tout cela soit, de son propre aveu, hypothétique et conjectural, Häckel ne décrit pas moins bien l'homme primitif que s'il l'avait vu. C'est bien là, du reste, la méthode caractéristique du darwinisme.

Wallace, le co-fondateur du système, nous reporte aussi à une époque lointaine où l'homme, avant sa division en races multiples, ne parlait pas encore.

« L'homme peut avoir formé jadis, et même, je pense, doir avoir formé, nous dit-il, une race homogène, mais c'était à une époque *de laquelle nous n'avons encore découvert aucun reste*; à une époque tellement reculée dans son histoire que l'homme n'avait pas encore acquis ce cerveau merveilleusement développé, organe de l'esprit, qui maintenant, même chez les types les plus bas, l'élève bien au-dessus des brutes les plus élevées; à une période où il avait bien la forme, mais en réalité à peine la nature humaine, et où il ne possédait ni le langage humain, ni ces sentiments sympathiques et moraux qui maintenant, à un degré plus ou moins prononcé, distinguent partout la race (2). »

(1) « Von dem hypothetischen *Urmenschen (Homo primigenius)*, welcher « sich entweder in *Lemurien* oder in Südasien (vielleicht auch im östlichen « Africa) während der Tertiärzeit aus anthropoïden Affen entwickelte, kennen « wir noch keine fossilen Reste. Aber bei der ausserordentlichen Aehnlichkeit, « welche sich zwischen den niedersten wollhaarigen Menschen und den höch- « sten Menschenaffen selbst jetzt noch erhalten hat, bedarf es nur geringer « Einbildungskraft, um sich zwischen Beiden eine vermittelnde Zwischenform « und in dieser ein ungefähres Bild von dem muthmasslichen Urmenschen « oder Affenmenschen vorzustellen. Die Schädelform desselben wird sehr lang- « köpfig und schiefzähpig gewesen sein, das Haarwollig, die Hautfarbe dun- « kel, bräunlich oder schwärzlich. Die behaarrung des ganzen Körpers wird « dichter als bei allen jetzt lebenden Menschenarten gewesen sein, die Arme « im Verhältniss länger und stärker, die Beine dagegen kürzer und dünner, mit « ganz unentwickelten Waden; der Gang nur halb aufrecht, mit stark einge- « bogenen Knieen. » Ernst Häckel, opere citato, p, 620.

(2) « Man may have been, indeed I believe must have been, once a homo- « geneous race; but it was at a period of which we have as yet discovered no « remains; at a period so remote in his history, that he had not yet acquired · « that wonderfully developed brain, the organ of the mind, which now, even

Les caractères indécis et équivoques de l'homme primitif sont donc bien une nécessité du système.

IV.

Darwin et Häckel admettent que l'homme est issu d'une *souche* unique. Mais s'en suit-il que pour eux l'humanité descende d'une seule paire primitive? Non; d'après le darwinisme, la souche unique dont nous dérivons est tout simplement le *groupe* des quadrumanes anthropoïdes, lesquels, en se transformant, sont devenus *hommes*. Il est impossible dans le système qu'un groupe animal en voie de transformation n'aboutisse qu'à la mutation spécifique de deux individus, la liberté des croisements fondant immédiatement dans une moyenne les différences purement individuelles. Il faut donc que le groupe tout entier se transforme un peu à la fois, sauf aux individus trop mal doués à disparaître par suite de leur infériorité dans la concurrence vitale.

Voici comment Darwin s'exprime à ce sujet :

« On ne doit pas supposer que la divergence de chaque race à partir d'autres races, en même temps que la divergence de la *totalité des races à partir de la souche commune*, puisse être suivie en arrière de manière à aboutir à *une paire quelconque de progéniteurs*. Au contraire, *à toute époque dans le cours de la modification, tous* les individus qui étaient d'une manière quelconque, quoique à des degrés différents, les mieux adaptés à leurs conditions de vie, ont dû survivre en plus grand nombre que leurs concurrents moins bien doués (1). »

« in his lowest examples, raise him far above the highest brutes ; at a period « when he had the form but hardly the nature of man, when he neither pos- « sessed human speech, nor those sympathetic and moral feelings which in a « greater or less degree everywhere now distinguish the race. » Al.-R. Wallace, *Contributions to the theory of natural selection*, p. 321, 322. 2d edition, London, 1871.

(1) « It must not be supposed that the divergence of each race from the « other races, and of *all the races from a common stock*, can be traced back to « *any one pair of progenitors*. On the contrary, *at every stage in the process of* « *modification, all* the individuals which were in any way best fitted for their « conditions of life, though in different degrees, would have survived in « greater numbers than the less well fitted. » Ch. Darwin, *The descent of man*, vol. II, p. 388. London, 1871,

Häckel expose la même conséquence de la théorie ; mais, plus franc que Darwin, il a soin de constater qu'elle est en opposition avec l'histoire mosaïque de la création. Après avoir fait remarquer que la dérivation de l'homme d'une souche unique n'implique pas que *tous les hommes descendent d'une seule paire*, il continue ainsi :

« Cette dernière supposition que notre civilisation moderne indo-germanique a empruntée au mythe sémitique de l'histoire mosaïque de la création est absolument insoutenable. Toute la célèbre querelle sur le point de savoir si le genre humain descend ou non d'une seule paire vient de ce que la question a été tout-à-fait mal posée. Cette querelle est tout aussi dénuée de sens que le serait une discussion pour savoir si tous les chiens de chasse ou tous les chevaux de course *descendent d'une seule paire*. On pourrait avec le même droit demander si tous les Allemands ou tous les Anglais descendent d'une seule paire, et ainsi de suite. Une *première paire humaine* ou un *premier homme* n'a jamais plus existé qu'un premier individu ou une première paire d'Anglais, d'Allemands, de chevaux de course ou de chiens de chasse. *Toujours la formation d'une nouvelle espèce au moyen d'une autre préexistante a lieu de manière qu'une longue et nombreuse chaîne d'individus différents participe à la marche lente de la transformation.* Supposé que nous eussions devant nous, placées les unes à côté des autres,

Dans ce passage Darwin désavoue quelques-uns de ses disciples, qui avaient cru pouvoir admettre pour la souche de chaque espèce un seul couple primitif. Huxley lui-même s'était montré favorable à cette manière de voir (Cf. T.-H, Huxley, *Lay sermons, addresses and reviews* p. 263. 3rd edition, London, 1871.)

En fait, généralement la question, en se plaçant au point de vue transformiste, a été inexactement posée.

Il faut, en effet, distinguer. Si l'on examine la question de savoir si, *étant donné un couple humain primitif*, il y a moyen d'en faire descendre toutes les races humaines en restant d'accord avec les principes du darwinisme, la réponse n'est pas douteuse : il n'y a rien qui s'oppose à ce que l'on admette la possibilité de cette descendance.

Mais lorsque l'on se demande si, dans l'évolution supposée des progéniteurs de l'homme par le simple jeu des loi naturelles, il est possible d'admettre que la transformation *n'ait donné qu'un seul couple primitif*, la réponse est nécessairement négative. Or, cette seconde manière de poser la question a été peu saisie jusqu'ici.

toutes les différentes paires de singes anthropoïdes et d'hommes *pithécoïdes* (1) qui forment les vrais ancêtres du genre humain, il serait néanmoins tout-à-fait impossible, si ce n'est de la manière la plus arbitraire, de désigner comme *la première* l'une de ces paires d'hommes pithécoïdes (2). »

On comprend d'ailleurs que, pour le darwinisme, la notion même de l'espèce ne représentant plus rien de déterminé, on n'attache guère, dans le système, une importance quelconque au point de savoir si le genre humain constitue une seule ou plusieurs espèces. Darwin incline vers la première alternative ; Häckel, au contraire, admet qu'il y a plusieurs espèces. Mais pour tous les darwinistes, il n'y a là qu'une question absolument accessoire. « Du moment où les principes de l'évolution sont généralement acceptés, et ils le seront certainement avant longtemps, nous dit Darwin, *le débat entre les monogénistes et les polygénistes s'éteindra dans le silence sans qu'on y prenne garde* (3). »

(1) Les hommes primitifs sont désignés par Häckel sous le nom d'*hommes pithécoïdes (Affenmenschen)* par analogie avec les *singes anthropoïdes (Menschenaffen)*. Cf. Ernst Häckel, opere citato, p. 590.

(2) « Diese letztere Annahme, welche unsere moderne indogermanische « Bildung aus dem semitischen Mythus der mosaischen Schöpfungsgeschichte « herübergenommen hat, ist auf keinen Fall haltbar. Der ganze berühmte « Streit, ob das Menschengeschlecht von einem Paar abstammt oder nicht, be- « ruth auf einer vollkommen falsen Fragestellung. Er ist ebenso sinnlos, « wie der Streit, ob alle Jagdhunde oder alle Rennpferde von einem Paare « abstammen. Mit demselben Rechte könnte man fragen, ob alle Deutschen « oder alle Engländer *von einem Paare abstammen* u. s. w. Ein erstes « *Menschenpaar* oder ein *erster Mensch* hat überhaupt niemals existirt, « so wenig es ein erstes Paar oder ein erstes Individuum von Engländern, « Deutschen, Rennpferden oder Jagdhunden gegeben hat. Immer erfolgt na- « türlich die Entstehung einer neuen Art aus einer bestehenden Art in der « Weise, dass eine lange Kette von vielen verschiedenen Individuen an dem « langsamen Umbildungsprozess betheiligt ist. Angenommen, dass wir alle « verschiedenen Paare von Menschenaffen und Affenmenschen neben einander « vor uns hätten, die zu den wahren Vorfahren des Menschengeschlechts ge- « hören, so würde es doch ganz unmöglich sein, ohne die grösste Willkühr « eines von diesen Affenmenschen-Paaren als *das erste Paar* zu bezeichnen. » Ernst Häckel, *Natürliche Schöpfungsgeschichte*, p. 600 et 601. 2te Auflage, Berlin, 1870.

(3) « When the principles of evolution are generally accepted, as they su- « rely will be before long, *the dispute between the monogenists and the polyge-* « *nists will die a silent and unobserved death.* » Ch. Darwin, *The descent of man*, vol. I, p. 235. London, 1871.

Certes, on ne pourrait mieux caractériser la portée radicale du système. En fait, l'espèce, comme unité fondamentale de la science, disparaît. Et en ce qui nous regarde, l'unité spécifique du genre humain ne saurait, au point de vue darwiniste et sous quelque rapport qu'on l'envisage, avoir la moindre importance.

V.

Il est maintenant facile de voir ce que doit être, pour le darwinisme, l'homme au point de vue intellectuel et moral. D'après les principes du système, les facultés psychiques des êtres vivants ne sont essentiellement, comme les modifications de la structure anatomique, que les produits lents de la sélection naturelle. De même que l'organisation des animaux s'est lentement modifiée de manière à s'adapter mieux aux conditions variables de leur existence, de même aussi leurs facultés mentales se sont développées dans le même but. Dans l'un et l'autre cas, les modifications, toutes fortuites et accidentelles d'ailleurs, se sont conservées *parce qu'elles étaient utiles*, parce qu'elles assuraient à l'individu qui les offrait de plus grandes chances de survivance dans le combat pour la vie. C'est la sélection naturelle qui a transformé le corps de nos progéniteurs simiens, en produisant enfin la forme humaine; c'est elle également, et par des procédés identiques, qui a lentement amélioré les facultés psychiques des animaux en les élevant au niveau des facultés que nous présentons maintenant. Tel est, en deux mots, tout le système.

Voici comment s'exprime à ce sujet Häckel:

« A la manière de toutes les autres fonctions des êtres organisés, il faut aussi nécessairement que l'âme humaine ait eu son développement historique, et l'étude comparée des âmes ou la psychologie empirique nous montre clairement que ce développement ne peut être conçu que comme une évolution graduelle de l'âme des vertébrés (1). »

____

(1) « Wie alle anderen Funktionen der Organismen muss nothwendig auch
« die Menschenseele sich historisch entwickelt haben, und die vergleichende
« Seelenlehre oder die empirische Psychologie zeigt uns klar, dass diese Ent-

Ainsi que Darwin l'annonçait déjà dans son premier ouvrage, il y a là une réforme complète de la psychologie, qui *reposerait ainsi sur une nouvelle base, c'est-à-dire sur l'acquisition nécessairement graduelle de chaque faculté mentale* (1).

L'homme a donc dû, d'après le darwinisme, apparaître sur la terre dans un état intellectuel bien inférieur á celui des sauvages les plus dégradés (2). Cette infériorité est telle, ainsi que nous l'avons déjà dit, qu'en reculant suffisamment dans l'histoire de notre espèce, on arrive à des hommes équivoques qui ne parlent pas encore ou qui ne possèdent que des rudiments de langage. Darwin accepte l'opinion de J. Lubbock, d'après laquelle il serait très improbable que nos ancêtres, avant leur dispersion en des contrées très éloignées, aient pu arriver à compter jusqu'à dix, puisque, si l'on en croit Lubbock, plusieurs races actuelles ne compteraient pas au-delà de *quatre*. Cependant, selon Darwin, les facultés intellectuelles et sociales de l'homme n'ont pas dû être alors *à un extrême degré* inférieures à celles que présentent maintenant les sauvages les plus dégradés, car on ne s'expliquerait pas autrement, dit-il, les grands succès que dès ces temps primitifs l'homme avait déjà obtenus dans le combat pour la vie (3).

Mais si nos facultés intellectuelles ne sont, conformément aux enseignements du darwinisme, que l'héritage progressivement développé qui nous a été légué par les animaux nos progéniteurs, il est clair que le système conduit nécessairement à l'affirmation que les facultés intellectuelles de l'homme ne sont pas d'une *nature* différente de celles de

---

« wickelung nur gedacht werden kann als eine stufenweise Hervorbildung aus « der Wirbelthierseele. » Ernst Häckel, *Natürliche Schöpfungsgeschichte*, p. 652.

On ne doit pas croire qu'Häckel, parce qu'il emploie le mot, admet l'existence de l'âme comme distincte du corps. Il répudie, au contraire, hautement cette doctrine.

(1) « Psychology will be based on a new foundation, that of the necessary « acquirement of each mental power and capacity by gradation. » Ch. Darwin, *On the origin of species*, 5th edition. p. 577-478, London, 1869.

(2) Cf. Ch. Darwin, *The descent of man*. Vol. II, p. 360. London 1871.

(3) Cf. Opere citato. Vol. 1, p. 234.

l'animal, et qu'elles s'en distinguent seulement par un *plus haut degré* de perfection. Et, en effet, d'après Darwin, « la différence qui, sous le rapport intellectuel, sépare l'homme et les animaux supérieurs, quelque grande qu'elle soit, est certainement une différence de *degré* et non pas de *nature* (1). » Ce point étant d'une importance essentielle pour le système, le savant anglais insiste longuement afin d'en bien convaincre le lecteur.

Cependant Darwin reconnaît fréquemment que la différence qui existe, à cet égard, entre l'homme et les animaux est véritablement *immense*. « La différence resterait sans doute encore immense, nous dit-il, quand même l'un des singes supérieurs aurait été perfectionné ou CIVILISÉ autant que l'a été le chien comparé à sa forme-mère, le loup ou le chacal (2). »

Il semblerait pourtant que cette concession n'est pas bien sérieuse chez Darwin. Ce naturaliste nous dit, en effet, encore : « Nous devons aussi admettre que, sous le rapport des facultés mentales, il y a un intervalle *beaucoup plus large* entre l'un quelconque des poissons placés le plus bas, tels que la lamproie ou le lancelet, et l'un des singes supérieurs, qu'entre le singe et l'homme. Et pourtant cet immense intervalle est comblé par des gradations sans nombre (3). » Ainsi, d'après Darwin, la distance qui sépare l'homme des animaux supérieurs, au point de vue intellectuel, est *moins immense* que celle qui sépare, sous le même rapport, certains animaux entre eux.

Häckel, comme d'habitude, n'y met pas tant de précaution. Pour lui, la différence intellectuelle entre l'homme le

(1) « The difference in mind between man and the higher animals, great as « it is, is certainly one of *degree* and not of *kind*. » Ch. Darwin, *The descent of man*. Vol, I, p. 105. — Cf. ibidem, p. 35, 186 ; Ernst Häckel, *Natürliche Schöpfungsgeschichte*, p. 652.

(2) « The difference would, no doubt, still remain immense, even if one of « the higher apes had been improved or CIVILISED as much as a dog has been « in comparison with its parent-form, the wolf or jackal. » Ch. Darwin, *The descent of man*, vol. I, p. 34. — Cf. ibidem, p. 104, 185, 186.

(3) « We must also admit that there is a *much wider* interval in mental power « between one of the lowest fishes, as a lamprey or lancelet, and one of the « higher apes, than between an ape and man ; yet this immense interval is « filled up by numberless gradations. » Ch. Darwin, opere citato, vol. I, p. 35.

plus dégradé et l'animal le plus élevé n'est que *mince* (1) ; et en fait, si le langage de Darwin n'est pas apparemment aussi catégorique, il ne manque pas de passages dans son livre qui conduisent à une conclusion semblable.

Puisque, d'après le système, nous devons toutes nos facultés au perfectionnement lent des facultés correspondantes chez les animaux, on comprend qu'il serait désirable au point de vue darwiniste, de pouvoir refaire l'histoire particulière du développement de chacune d'elles; mais Darwin se reconnaît insuffisant pour une pareille tâche. « Indubitablement, nous dit cet écrivain, il eût été très intéressant de suivre le développement de chaque faculté séparée *à partir de l'état dans lequel elle existe chez l'homme*. Mais je n'ai ni l'habileté, ni la science nécessaires pour l'entreprendre (2). »

VI.

Les sentiments religieux ne sont primitivement aussi pour le darwinisme, que les résultats lentement acquis du perfectionnement graduel de nos facultés intellectuelles. « Dès le moment, nous dit Darwin, où les importantes facultés de l'imagination, du merveilleux et de la curiosité, en même temps que *quelque pouvoir de raisonnement*, devinrent en partie développées, l'homme aura naturellement vivement désiré comprendre ce qui se passait autour de lui, et aura vaguement réfléchi sur sa propre existence (3). »

Les premiers vestiges du sentiment religieux se seraient,

---

(1) Cf. Ernst Häckel, *Natürliche Schöpfungsgeschichte*, 2te Auflage, p. 652. Berlin, 1870.

(2) « Undoubtedly it would have been very interesting to have traced the « development of each separate faculty *from the state in which it exists in the* « *lower animals to that in which it exists in man*; but neither my ability or « knowledge permit the attempt. » Ch. Darwin, *The descent of man*, p. 160, vol. I.

(3) « As soon as the important faculties of the imagination, wonder, and cu- « riosity, together with some power of reasoning, had become partially develo- « ped, man would naturally have craved to understand what was passing « around him, and have vaguely speculated on his own existence. » Ch. Darwin, ibidem, p. 65.

d'après ce naturaliste, manifestés par la croyance aux agents invisibles ou spirituels, et celle-ci probablement serait le résultat de rêves mal interprétés. «Il est probable, nous dit encore Darwin, comme l'a clairement montré M. Tylor, que les rêves peuvent avoir donné naissance à l'idée des esprits, parce que les sauvages ne distinguent pas facilement entre les impressions subjectives et objectives. Lorsqu'un sauvage rêve, les figures qui lui apparaissent sont considérées comme venues de loin et présentes devant lui; ou bien *l'âme du rêveur sort pour ses voyages et revient avec le souvenir de ce qu'elle a vu*(1).» En somme donc, le sentiment religieux serait le produit d'une véritable hallucination.

Voici d'ailleurs un fait observé par Darwin et qui, d'après lui, pourrait être avec vraisemblance envisagé comme étant chez les animaux un indice de cette croyance aux esprits, et fournir ainsi la transition voulue par le système.

Le chien de Darwin se reposait sur une pelouse par une chaude journée d'été; à quelque distance de l'animal se trouvait un parasol ouvert que remuait de temps en temps une brise légère. Or, chaque fois que le parasol était agité, le chien grognait avec colère et se mettait à aboyer. «Il doit, je pense, continue Darwin, s'être dit à lui-même, par un raisonnement rapide et inconscient, qu'un mouvement sans aucune cause apparente indiquait la présence de quelque *agent vivant inconnu*; et que pourtant nul étranger n'avait le droit de se trouver sur son territoire (2).»

La croyance des sauvages en l'existence d'êtres spirituels invisibles étant ainsi expliquée, de là *à la croyance en*

____

(1) « It is probable, as Mr Tylor has clearly shewn, that dreams may have
« first given rise to the notion of spirits ; for savages not readily distinguisch
« between subjective and objective impressions. When a savage dreams, the
« figures which appear before him are believed to have come from a distance
« and to stand over him ; or *the soul of the dreamer goes out on its travels, and
« comes home with remembrance of what it has seen.* » Ch. Darwin, *The descent
of man*, vol. I, p. 66. — Cf. Tylor, *Early history of mankind*, p, 6, 1865.

(2) « He must, I think, have reasoned to himself in a rapid and unconscious
« manner, that movement without any apparent cause indicated the presence
« of some *strange living agent*, aud no stranger had a right to be on his ter-
« ritory. » Ch. Darwin, opere citato, vol. I, p. 67.

l'existence d'un ou de plusieurs dieux le passage est facile,
dit Darwin (1).

Quant à la dévotion religieuse, on pourrait aussi, d'après
l'écrivain anglais, en retrouver des traces parmi les animaux. Sans doute, ce sentiment, par sa complexité, suppose, Darwin en convient, un niveau *passablement* élevé
du développement intellectuel et moral. « Néanmoins, pense-
t-il, nous voyons quelque rapprochement éloigné vers cet
état d'esprit dans le profond attachement du chien pour
son maître, associé à une complète soumission, un peu
de crainte, et peut-être d'autres sentiments encore... Le
professeur Braubach (2) va même si loin, qu'il soutient que
le chien considère son maître comme un dieu (3). »

Telle serait donc, dans le système, la genèse des sentiments religieux chez l'homme.

VII

Le darwinisme explique d'une manière analogue le développement du sens moral. Celui-ci ne serait également que
la transformation des instincts sociaux que l'on rencontre
parmi les animaux. Voici comment se serait opérée cette
évolution.

Tout groupe animal qui possède des instincts sociaux
développés a de plus grandes chances de victoire dans
la lutte qu'il soutient pour l'existence contre ses concurrents.

(1) Cf. Ibidem. — Tout en niant que l'idée de Dieu ait été l'apanage de l'humanité primitive, Darwin pourtant n'en rejette pas l'existence. « La (première)
question, nous dit-il, est complètement différente de cette autre question plus
élevée, à savoir s'il existe un Créateur et Régulateur de l'univers ; et cette
dernière question a été résolue affirmativement par les esprits les plus élevés
qui aient jamais vécu (The question is of course wholly distinct from that
higher one, whether there exists a Creator and Ruler of the universe ; and
this has been answered in the affirmative by the highest intellects that have
ever lived). » Ch. Darwin, opere citato. Vol. I, p. 65.

(2) Braubach. *Religion, Moral, etc. der Darwin'schen Art-Lehre*, p. 53.1869.

(3) « Nevertheless we see some distant approach to this state of mind, in the
« deep love of a dog for his master, associated with complete submission, some
« fear, and perhaps other feelings.., Professor Braubach goes so far as to
« maintain that a dog looks on his master as on a god. » Ch. Darwin, opere
citato. Vol. I, p. 68.

Il tend donc à se perpétuer aux dépens des individus qui n'ont pas les mêmes instincts, et, par l'action de la sélection naturelle, à transmettre à ses descendants ces dispositions instinctives de plus en plus développées. Et en dernière analyse, la maxime qui est la base de la morale sociale : *Ne fais pas à un autre ce que tu ne voudrais pas voir faire à toi-même*, ne serait que la formule de l'instinct social le plus élevé (1). Il n'y aurait donc pas là entre l'homme et l'animal une délimitation infranchissable. Et Darwin nous dit sérieusement que les animaux doués d'instincts sociaux remarquables acquerraient très probablement, comme nous, la loi morale, SI D'AILLEURS ILS AVAIENT LES FACULTÉS INTELLECTUELLES AUSSI DÉVELOPPÉES QUE LES NÔTRES.

« La proposition suivante, nous dit-il, me semble hautement probable, à savoir qu'un animal quelconque, doué d'instincts sociaux bien marqués, acquerrait infailliblement le sens moral ou conscience, *dès le moment où ses facultés intellectuelles deviendraient aussi développées ou à peu près qu'elles le sont chez l'homme* (2). »

Pour le darwinisme, le caractère *essentiel* de la loi morale c'est qu'elle est un instinct social *plus durable* que d'autres avec lesquels il entre parfois en lutte. Poussé, par exemple, par la passion, je pose un acte qui est en opposition avec un instinct social durable ; la satisfaction passagère *éteinte*, je conserve le souvenir de mon action ; ce souvenir devient déplaisant parce qu'il me rappelle une conduite en opposition avec un instinct persistant, qui s'était, momentanément seulement, trouvé plus faible. Ce sentiment déplaisant, voilà le remords ; et sous cette impression je conclus que je devrai agir autrement à l'avenir.

« Comme l'homme, nous dit le moraliste anglais, ne peut empêcher les anciennes impressions de repasser continuellement dans son esprit, il sera forcé de comparer les im-

(1) Cf. Ch. Darwin, *The descent of man*. Vol. I, p. 106. London, 1871.

(2) « The following proposition seems to me in a high degree probable, namely, that any animal whatever, endowed with well-marked social instincts, would inevitably acquire a moral sense or conscience, *as soon as its intellectual powers had become as well developed, or nearly as well developed, as in man*. » Ch. Darwin, opere citato. Vol. I, p. 71-72.

pressions plus faibles de la faim passée, par exemple, ou de la vengeance satisfaite ou du danger évité aux dépens d'autres hommes, avec l'instinct de sympathie et de bienveillance envers ses semblables qui est encore présent et toujours, à quelque degré, actif dans son esprit. Il sentira alors dans son imagination qu'un instinct plus puissant a cédé à un autre, qui maintenant semble comparativement faible, et alors il éprouvera inévitablement ce sentiment de déplaisir auquel l'homme, comme tout autre animal, est soumis à l'effet d'assurer la satisfaction de ses instincts (1). »

Mais qu'arrivera-t-il si chez un individu l'instinct mauvais, même lorsque l'acte qui s'y rapporte n'est plus qu'un souvenir, reste aussi puissant ou même plus puissant que l'instinct social opposé? Dans ce cas, explique Darwin, *l'homme saura* du moins *que, si sa conduite était connue de ses semblables, elle rencontrerait leur désapprobation; et peu d'hommes sont dépourvus de sympathie envers les autres au point de n'éprouver aucun déplaisir quand cette éventualité est réalisée* (2). »

Et si tout cela n'empêche pas le désir blâmable de rester prédominant? Alors, nous répond Darwin, *cet homme est* ESSENTIELLEMENT *mauvais* (3).

En résumé donc, pour le darwinisme, le sentiment du devoir chez l'homme n'est autre chose que *la voix d'un instinct durable.*

» Le mot impérieux *devoir*, dit encore Darwin, semble

______

(1) « As man cannot prevent old impressions continually repassing through « his mind, he will be compelled to compare the weaker impressions of, for « instance, past hunger, or of vengeance satisfied or danger avoided at the cost « of other men, with the instinct of sympathy and good-will to his fellows, « which is still present and ever in some degree active in his mind. He will then « feel in his imagination that a stronger instinct has yielded to one which now « seems comparatively weak ; and then that sense of dissatisfaction will inevi- « tably be felt with which man is endowed, like every other animal, in order « that his instincts may be obeyed. » Ch. Darwin, *The descent man.* Vol. I, p. 90. — Cf. vol. II, p, 392.

(2) « He will be conscious that if his conduct were known to his fellows, it « would meet with their disapprobation ; and few are so destitute of sympathy « as not to feel discomfort when this is realised. » Ch. Darwin, *The descent of* *man.* Vol. I, p. 92.

(3) « He his ESSENTIALLY a bad man. » Ibidem.

purement impliquer le sentiment de l'existence d'un instinct persistant, soit inné, soit partiellement acquis, qui... sert de guide, quoiqu'il puisse être désobéi. Et ce n'est guère dans un sens métaphorique que nous employons le mot *devoir*, lorsque nous disons que les chiens courants doivent poursuivre ; les chiens d'arrêt, arrêter ; et les chiens rapporteurs, rapporter leur proie. S'ils négligent de le faire, *ils manquent à leur devoir et agissent mal* (1). »

Tel est donc l'homme, d'après le darwinisme. Tel est l'être qu'une longue série de siècles aurait produit sous l'action de la sélection naturelle sur les formes animales inférieures. Le système a donc la prétention de l'expliquer tout entier : de même que l'organisation humaine n'est que le produit de la transformation de l'organisation de nos ancêtres de la série zoologique, de même aussi nos facultés intellectuelles et morales ne sont que des modifications des facultés psychiques et des instincts sociaux des animaux.

VIII.

Les conséquences de cette doctrine, au point de vue des croyances chrétiennes, s'imposent manifestement avec une indiscutable évidence. Malgré la réserve d'expression dont avait usé Darwin, par tactique, dans son premier ouvrage, il était dès lors facile de les indiquer ; mais maintenant que nous avons sous les yeux *l'anthropologie darwiniste* complètement développée, nous ne pouvons nous dispenser d'y revenir encore.

Il est clair que *toute* l'histoire mosaïque de la création de l'homme est mise de côté par le darwinisme. Mais trois points de ce système nous paraissent devoir être particulièrement cités comme renfermant une négation catégorique des traditions chrétiennes.

1° Tandis que le christianisme nous présente l'homme

---

(1) « The imperious word *ought* seems merely to imply the consciousness of
« the existence of a persistent instinct, either innate or partly acquired, ser-
« ving as a guide, though liable to be disobeyed. We hardly use the word
« *ought* in a metaphorical sense, when we say hounds ought to hunt, pointers
« to point, and retrievers to retrieve their game. If they fail thus to act, *they*
« *fail in their duty and act wrongly*. » Ibidem.

comme ayant été créé dans un *état de haute perfection* physique, intellectuelle et morale, le darwinisme prétend que l'homme est apparu sur la terre dans un *état de dégradation presque bestiale*, à partir duquel il s'est élevé graduellement. La doctrine de la *chute primitive* se trouve, donc remplacée par celle d'un *progrès continu*. En somme, le darwinisme est une négation radicale de l'ordre surnaturel.

2° *La dérivation du genre humain d'un seul couple primitif, Adam et Ève, est écartée* comme inconciliable avec le mode d'action de la sélection naturelle sur tout le groupe de nos progéniteurs quadrumanes. De cette manière et par une nouvelle voie, le péché originel, comme apanage de l'humanité tout entière, se trouve encore nécessairement mis de côté.

3° Ainsi que nous le montrerons plus loin, *la morale darwiniste n'est*, en dernière analyse, *que le renversement de tout l'ordre moral*, et, par conséquent, des enseignements chrétiens qui s'y rattachent (1).

Cependant, comme Darwin tient toujours à sauver les apparences autant que possible, il se garde bien de constater formellement l'opposition de sa doctrine avec les croyances chrétiennes. Au contraire, de même que déjà dans l'*Origine des espèces* il se défendait de vouloir blesser les sentiments religieux de qui que ce soit (2), de même aussi il affecte dans l'*Origine de l'homme*, de prouver par une raison quelconque que ce dernier ouvrage n'a rien d'antireligieux. Voyons donc ce qu'il nous dit à ce sujet.

« Je prévois, nous dit Darwin, que les conclusions déduites dans cet ouvrage seront dénoncées par quelques-uns comme très irréligieuses ; mais celui qui les dénonce ainsi est tenu de montrer pourquoi il est plus irréligieux d'expliquer l'origine de l'homme comme espèce distincte par sa descendance d'une forme inférieure, d'après les lois de la

---

(1) Plusieurs écrivains ont, plus ou moins explicitement, accordé à Darwin un brevet d'orthodoxie parce qu'il reconnaît l'existence d'un Dieu créateur. Sans doute, nous sommes loin de méconnaître l'importance de ce dogme fondamental. Mais est-il donc nécessaire de rappeler qu'outre l'existence de Dieu, il y a encore d'autres vérités révélées dans le christianisme ?

(2) Cf. Ch. Darwin, *On the origin of species*, 5th edition, p. 569. London, 1869.

variation et de la sélection naturelle, que d'expliquer la naissance de l'individu par les lois de la reproduction ordinaire (1). »

Ce raisonnement est-il sérieux dans la pensée de son auteur?... Quoi qu'il en soit, il est très facile d'y répondre : toute cette argumentation ne repose essentiellement que sur une équivoque.

Et en effet pour les chrétiens une doctrine peut être irréligieuse de deux manières : 1° parce qu'elle est opposée aux principes de la religion naturelle, 2° parce qu'elle est opposée aux vérités qui constituent le fond spécial de la révélation chrétienne.

Or, nous accorderons sans aucune difficulté à Darwin que la simple hypothèse de la dérivation de l'homme comme espèce d'une forme animale inférieure, en supposant que cette dérivation soit possible, n'a rien *en elle-même* qui soit opposé à la religion naturelle. Nous disons : *en elle-même*, car si nous tenons compte des développements dont Darwin accompagne l'hypothèse pure de la dérivation, il nous est impossible d'admettre sans restriction que les conclusions énoncées dans l'*Origine de l'homme* n'ont rien d'opposé à la religion naturelle. Loin de là : ainsi nous soutenons, au contraire, et nous essaierons de prouver que la morale darwiniste est nécessairement la ruine de toute morale, et par conséquent de la religion naturelle elle-même.

Mais l'origine de l'homme indiquée par le système fût-elle *possible*, si pourtant nous savons par la révélation chrétienne que telle n'a pas été la voie suivie par le Créateur, il s'en suit immédiatement que la doctrine de Darwin est opposée aux enseignements du christianisme. Et l'on ne parle pas un langage sérieux et franc lorsqu'on vient dire à des nations chrétiennes qu'on respecte leurs croyances en niant la chute originelle et la descendance de tout le genre humain d'un seul couple primitif.

(1) « I am aware that the conclusions arrived at in this work will be denoun-
« ced by some as highly irreligious ; but he who thus denounces them is bound
« to shew why it is more irreligious to explain the origin of man as a distinct
« species by descent from some lower form, through the laws of variation and
« natural selcetion, than to explain the birth of the individual through the laws
« of ordinary reproduction.» Ch. Darwin, *The descent of man*. Vol. II. p. 395-
396. London, 1871.

Tout n'est également qu'équivoque lorsque Darwin nous dit que sa doctrine n'a rien d'humiliant pour l'homme, parce que tout organisme vivant dont nous serions issus nous donne une origine plus noble que le limon de la terre. « Le plus humble organisme, nous dit-il, est quelque chose de beaucoup plus élevé que la poussière inorganique que nous foulons sous les pieds ; et il n'est personne sans préjugé qui puisse étudier une créature vivante quelconque, quelque humble qu'elle soit, sans être pénétré d'enthousiasme à la vue de sa structure merveilleuse et de ses propriétés (1). »

Nous admettons parfaitement tout cela, mais là n'est pas la question. Ce n'est pas à raison de la matière dont le corps a été pétri que l'homme doit être fier de son origine en se plaçant au point de vue des traditions chrétiennes ; mais c'est parce que tout, dans les conditions de la création de l'homme et dans la solennité des conseils divins qui y président, révèle immédiatement un être privilégié, dont les destinées à tous égards établissent un abîme entre lui et le reste du monde organique. Et si les doctrines du darwinisme sont avec raison considérées comme humiliantes pour l'humanité, c'est parce qu'elles font table rase de ces traditions chrétiennes sur la grandeur originelle de l'homme.

Laissons donc le côté religieux du système de Darwin, et voyons maintenant comment cette doctrine, appliquée à l'espèce humaine, supporte la critique exclusivement scientifique.

DEUXIÈME PARTIE.

RÉFUTATION SPÉCIALE DES VUES DU DARWINISME PAR RAPPORT A L'HOMME.

Les darwinistes, nous l'avons vu, pour légitimer l'application de leur système à l'homme, invoquent tout à la fois des considérations anatomiques et psychologiques. Nous les

______

(1) « The most humble organism is something much higher than the inorga-
» nic dust under our feet ; and no one with an unbiassed mind can study any
» living creature, however humble, without being struck with enthusiasm at
» its marvellous structure and properties. » Ch. Darwin, *The descent of man.*
Vol. I, p. 218.

suivrons sur ce double terrain, et nous nous occuperons d'abord du côté anatomique, sur lequel ils s'appuient principalement.

DE L'HOMME COMPARÉ AUX ANIMAUX DANS SA STRUCTURE CORPORELLE.

I.

Faisons, avant tout, quelques observations générales.

Et d'abord nous ne faisons aucune difficulté de reconnaître que la descendance de l'homme d'une série de formes animales inférieures est une déduction nécessaire du système de Darwin. Sous ce rapport, nous sommes d'accord avec Häckel lorsqu'il nous dit que les partisans et les adversaires du darwinisme doivent reconnaître la légitimité de cette conséquence (1).

Mais si la conséquence est une nécessité du système, il ne s'en suit pas qu'elle soit une vérité. Les bases du darwinisme, comme nous espérons l'avoir établi, sont toutes purement hypothétiques, quand elles ne sont pas de vraies impossibilités. Mais l'origine de l'homme est une nouvelle pierre d'achoppement pour le système, et nous espérons montrer que cet écueil est tellement insurmontable qu'il suffirait seul à ruiner le darwinisme pur.

Remarquons, d'ailleurs, que ni Häckel, ni Darwin dans son nouvel ouvrage, ni aucun autre darwiniste, n'invoquent, pour établir notre origine bestiale, aucune preuve qui ne soit déjà explicitement ou implicitement énoncée dans l'*Origine des espèces*. En général, les principes développés dans l'exposition du système sont tout simplement appliqués.

Ainsi, dans l'*Origine de l'homme*, Darwin se contente d'établir *ex-professo* que l'homme, par son organisation, a une foule de caractères qui lui sont communs avec les mammifères inférieurs d'abord, et ensuite avec tous les vertébrés. Or, c'est là enfoncer une porte ouverte : et malgré l'accumulation des détails qu'apporte Darwin à l'appui de sa thèse, on peut dire pourtant qu'ils sont *fort peu de chose* en

---

(1) Ernst Häckel. *Natürliche Schöpfungsgeschichte*, p. 6. 2te Auflage, Berlin, 1870. — Cf. ibidem, p. 564-565. — Canestrini, *Origine dell' uomo*, p. 13-14. Milano, 1866.

comparaison de tous ceux que l'on peut trouver dans les grands ouvrages d'anatomie et de physiologie.

Naturellement les arguments où l'homme figurait déjà nominativement dans l'*Origine des espèces* se trouvent rappelés dans l'*Origine de l'homme*. C'est ainsi que la citation de Von Baer sur l'*identité de la forme fondamentale*, durant la période embryonnaire, *des pieds des lézards et des mammifères, des ailes et des pieds des oiseaux, en même temps que des mains et des pieds de l'homme* (1), est reprise *ex professo* comme un argument à l'appui de la descendance de tous les vertébrés, y compris l'homme, d'une souche commune (2); et il est fait plusieurs fois allusion à cette similitude des phases embryonnaires (3). L'argument tiré de l'homologie de structure se trouve répété également; et les mêmes animaux sont nominativement désignés qui l'étaient déjà dans le premier ouvrage. Darwin, en effet, en appelle encore à la *main de l'homme ou du singe*, au *pied du cheval*, à la *nageoire du veau marin*, à l'*aile de la chauve-souris*, etc. (4), pour établir que nous avons un progéniteur commun à tous ces animaux (5). Il n'est pas jusqu'à nos poumons qui ne reparaissent comme rappelant, par leur structure, la vessie natatoire de notre souche primitive aquatique (6). Le soin avec lequel tous ces arguments sont présentés de nouveau prouverait au besoin, si d'ailleurs ils n'étaient d'une clarté évidente, que tous, quoique incidemment introduits dans l'exposé général du système, avaient bien dans la pensée de leur auteur la portée que nous avons signalée dans notre premier article. Au reste, comme en examinant le darwinisme dans son ensemble, nous avons suffisamment établi, je pense, que ces sortes d'arguments sont inopérants au point de vue logique, nous croyons ne pas devoir nous y arrêter plus longuement ici.

On comprend parfaitement, d'après cela, que le *Traité de l'origine de l'homme*, quelque étendu qu'il soit, n'ajoute absolument rien, en se mettant au point de vue darwiniste, à

---

(1) Cf. Ch. Darwin, *Origin of species*, 5th edition, p. 522. London, 1869.

(2) Cf. Ch. Darwin, *The descent of man*, vol. I, p. 14. London, 1871.

(3) Cf. ibidem, p. 186.

(4) Cf. ibidem, p. 31-32.

(5) Cf. Ch. Darwin, *The descent of man*, vol. I, p. 10, 185; vol. II, p. 386.

(6) Cf. ibidem, vol. I, p. 207. — *Origin of species*, p. 228-229.

la certitude de notre origine bestiale. Sous ce rapport, il y a eu un véritable désappointement parmi les partisans de Darwin : ils attendaient tout autre chose d'une œuvre si longtemps mûrie. «Nous nous étions imaginé, dit l'un deux, que l'ouvrage était de beaucoup plus grande importance qu'il ne l'est.... Nous ne serions pas impartial vis-à-vis de nos lecteurs, si nous ne confessions pas que ces volumes ne sont, sous aucun rapport, comparables à n'importe lequel des livres précédents de M. Darwin... En ce qui regarde l'origine de l'homme, ces volumes, de façon ou d'autre, contiennent moins que nous n'en avions attendu, et par rapport aux preuves qu'ils font valoir, l'argumentation de l'auteur ne nous semble guère avoir plus de force, si même elle en a, que ce qui était connu auparavant (1).»

En fait, il n'en pouvait être autrement. En dehors des rapprochements que le darwinisme établit sur les affinités de structure qui relient l'homme aux animaux, il n'y a rien à invoquer, sur le terrain anatomique, en faveur de la descendance de l'homme d'une forme animale inférieure. Or, ces faits sont parfaitement connus de tous, sauf quelques-uns qui sont tout-à-fait accessoires même dans l'esprit du système, et sur lesquels Darwin insiste beaucoup pour que sa thèse paraisse appuyée sur du neuf.

Au reste, pour ne pas donner à notre travail une longueur démesurée, nous croyons parfaitement inutile de suivre les darwinistes à travers toutes leurs pérégrinations à la recherche de nos ancêtres inférieurs aux singes. Évidemment si les quadrumanes sont, d'après la théorie, l'anneau supérieur de la chaîne des animaux qui se relient à l'homme, du moment où la soudure de notre espèce avec cet anneau est démontrée inadmissible, il en résulte immédiatement l'écroulement de tout le système. Sans rentrer dans les considérations générales au moyen desquelles nous avons précédemment combattu les principes fondamentaux du dar-

(1) « We had fancied that the work was of far greater importance than
» it is... We should not be just to our readers, did we not confess that the
» volumes are in no respect to be compared with either of Mr Darwin's pre-
» vious books... As regards the descent of man the volumes somehow or other
» contain less than we had expected of them, and as regards the arguments they
» set forth, the author's case seems to us but little stronger, if any thing, than
before. » *The popular science Review*, July 1871, p. 292. London.

winisme, nous nous attacherons donc surtout ici à montrer
qu'entre le singe et l'homme la filiation est inacceptable. Et
nous invoquerons à l'appui de notre thèse :

1° L'*énorme distance* qui sépare le type humain du type
simien,

2° Le développement souvent *inverse* des deux types,

3° Les caractères particuliers de la structure corporelle
de l'homme, qui sont *contradictoires aux principes du darwinisme*.

II.

A en croire les darwinistes, il y a toujours moins de différence, à un point de vue anatomique quelconque, entre
l'homme et un singe anthropoïde, qu'entre ce même anthropoïde et l'un des singes inférieurs. Ce principe, qui a été
développé d'abord par Huxley dans sa *Démonstration de la
place de l'homme dans la nature* (1), est, si nous pouvons
nous exprimer ainsi, le grand cheval de bataille des darwinistes relativement à la question qui nous occupe.

C'est sur ce principe, comme nous l'avons dit ailleurs,
que le système se fonde pour ranger l'homme, avec les
singes et les lémuriens, dans le groupe des primates.

Or, ce principe, inacceptable dès le début, doit être, aujourd'hui surtout, considéré comme suranné. Nous espérons
pouvoir le montrer.

Et en effet, d'abord, ainsi que le fait remarquer De Quatrefages, *l'homme est essentiellement un* ANIMAL MARCHEUR,
et marcheur sur ses membres de derrière ; tous les singes,
au contraire, *sont des* ANIMAUX GRIMPEURS. *Dans les deux
groupes tout l'appareil locomoteur porte l'empreinte de ces
destinations différentes : les deux types sont parfaitement
distincts* (2). D'après les travaux de Duvernoy sur le gorille,
et ceux de Gratiolet et Alix sur le chimpanzé, *le type singe,
en se perfectionnant, ne perd en rien son caractère fondamental et reste toujours parfaitement distinct du type humain* (3) : toujours le singe reste un animal grimpeur.

« De tous les êtres de la création, dit excellemment Go-

(1) Th.-H. Huxley. *Evidence as to man's place in nature*. London, 1863.

(2) A. De Quatrefages. *Rapport sur les progrès de l'anthropologie*, p. 244.
Paris, MDCCCLXVII. — Cf. *Histoire de l'homme*, III, p. 31-32. Paris, 1868.

(3) Cf. De Quatrefages, *Rapport*, etc., p. 245.

dron, l'homme seul est organisé pour la station verticale, seul il marche naturellement debout ; c'est là un caractère *essentiel* qui le sépare nettement de tous les animaux (1). La station verticale chez l'homme résulte de la conformation spéciale du squelette, de l'équilibre établi, non-seulement dans l'action des muscles, mais aussi dans le poids des différents organes splanchniques (2), »

Ainsi la colonne vertébrale par ses flexuosités alternatives repose solidement sur le bassin, et, par suite, ne requiert pas des masses musculaires aussi considérables pour maintenir l'homme dans la station verticale.

Le point d'insertion de la tête à la colonne vertébrale se trouve placé inférieurement presque au milieu du diamètre antéro-postérieur. De la sorte, malgré le poids considérable que la tête doit au développement du cerveau, elle est naturellement en équilibre, sans qu'il soit besoin ni de muscles puissants ni du ligament cervical qui existe à peine dans notre espèce, tandis qu'il est très puissant chez les singes (3).

(1) On a essayé d'ébranler cette proposition au moyen d'un argument qui montre bien jusqu'où peut égarer l'esprit de système. Le pingouin, dit-on, jouirait comme nous du privilége de la station verticale.

Nos lecteurs connaissent ce qu'est le pingouin. C'est un oiseau palmipède des mers du Nord, et dont les pieds, placés tout-à-fait à l'arrière du corps, sont merveilleusement adaptés pour la natation. Aussi ces oiseaux ne peuvent-ils guère que nager et plonger, et ils passent véritablement leur vie sur l'eau. Mais si, dans un cas exceptionnel, ils se trouvent à terre, ils sont obligés de se tenir debout tant bien que mal. Dans toute autre position, en effet, il est impossible à l'animal d'avoir le centre de gravité soutenu. Voilà pourquoi les darwinistes, Häckel en tête, nous disent sérieusement que la station verticale n'est pas le privilége exclusif de l'humanité (Cf. Ernst Häckel, *Generelle Morphologie der Organismen*, Bd II, p. 430. Berlin, 1866).

Certes il serait difficile de trouver dans les annales de la science un rapprochement aussi dénué de sens. Non-seulement la station verticale n'est pas naturelle au pingouin, mais en fait tout mouvement quelconque sur le sol est pour lui, on peut le dire, *contre nature*. Le langage du professeur Bianconi, n'est donc pas trop sévère lorsqu'il signale à ce sujet *la légèreté et la frivolité (la leggerezza e la superficialità)* des darwinistes. Cf. G.-G. Bianconi, *L'uomo-scimmia*, p. 49. Bologna, 1864.

(2) D.-A. Godron, *De l'espèce et des races*, tome II, p. 119-120. Paris, 1859.

(3) « L'aponévrose occipito-cervicale du gorille tient lieu du ligament cervical : elle est très remarquable par son étendue, par son épaisseur dans la ligne médiane et par ses attaches à toute la crête saillante qui surmonte la face occipitale,.... » Duvernoy, *Archives du Museum*, tome VIII, p. 173.

« La manière dont la tête s'articule à la colonne dorsale, dit P. Du Chaillu, oblige l'homme à se tenir debout; tandis que chez le singe cette articulation est telle qu'il est obligé de rejeter sa tête en arrière quand il est debout, afin de maintenir l'équilibre imparfait de son corps; aussi ai-je souvent remarqué que le gorille ne peut garder que *très peu de temps* l'attitude verticale (1). »

La situation de la face implique également pour l'homme la nécessité de la station verticale en même temps qu'elle l'exclut pour le singe. Chez l'homme, en effet, *la face, inférieure au crâne, au lieu de se projeter en avant*, comme chez les singes, *ramène les yeux, le nez et la bouche à une direction, qui ne se concilie qu'avec la verticalité de la pose générale* (2).

La considération des membres inférieurs conduit à des conclusions identiques.

« Les fémurs, dans notre espèce, dit encore Godron, soutiennent le tronc ; fixés au bassin obliquement en avant et en dehors, ils tendent à rétablir par cette position l'équilibre que les organes renfermés dans les cavités splanchniques tendraient à rompre. La tête de cet os est solidement placée dans une cavité cotyloïde profonde, dont le bord supérieur forme une saillie solide, qui a pour but évident de l'empêcher de s'échapper dans cette direction et d'éviter un déplacement que le poids considérable du corps *placé dans l'attitude verticale* tendrait à produire... Les masses musculaires considérables, et plus puissantes que chez aucune autre espèce animale, placées en arrière des articulations coxo-fémorales, ont pour office d'empêcher le tronc de se fléchir en avant, et leur grand développement n'aurait pas sa raison d'être, si ces muscles n'étaient pas destinés à maintenir l'homme dans la station verticale. Nous en trouvons de nouvelles preuves dans la disposition des muscles de la cuisse, qui chez l'homme seul est arrondie, et enfin dans le volume considérable des muscles qui retiennent la jambe et le pied dans l'état d'extension. Aussi la saillie du mollet est-elle un caractère exclusif à l'homme; l'action puissante des muscles jumeaux et soléaires empêche le poids

(1) Du Chaillu. *Voyages et aventures dans l'Afrique équatoriale*, p. 424. Paris, 1863.

(2) Cf. Abbé E. Lambert, *L'homme primitif et la Bible*, p. 7. Paris, 1869.

du corps de fléchir la jambe sur le pied, et devient la condition indispensable pour que l'homme puisse se tenir debout (1). »

Le pied de l'homme est aussi bien différent de l'extrémité postérieure d'un singe anthropoïde, du gorille, par exemple. Chez l'homme, en effet, le pied est parfaitement plantigrade; il repose complétement dans la marche sur sa face inférieure et présente ainsi une base solide de sustentation, et, au moyen de la voûte formée par les os du tarse et du métatarse, les muscles de la plante du pied sont parfaitement protégés contre la compression. Et certes, il s'en faut de beaucoup que l'extrémité d'un singe présente jamais cette coordination de caractères qu'implique la station verticale.

On peut donc dire que toute l'organisation humaine : les membres, la téte, le tronc, le bassin et jusqu'aux viscères, porte l'empreinte du type de l'animal *marcheur*, et qui marche exclusivement sur ses pieds de derrière. Sous ce rapport donc l'homme est nettement séparé de tout le groupe des singes. Aucun d'eux, quoiqu'on en dise, ne marche *naturellement* debout. Le gorille lui-même, dont l'exemple est particulièrement invoqué par les darwinistes, ne fait pas exception. Ainsi que nous l'avons dit d'après les observations catégoriques de P. Du Chaillu, *il ne peut garder que très peu de temps l'attitude verticale*. Donc elle ne lui est pas naturelle.

Donc, en tant que la station verticale lui est *naturelle* dans la marche, et résulte *nécessairement* de sa structure anatomique, l'homme se sépare plus d'un anthropoïde quelconque que celui-ci ne se sépare des singes inférieurs.

III.

Cette conclusion est incontestable, puisque chacun peut immédiatement *de visu* en constater l'exactitude. Aussi les darwinistes se gardent-ils, généralement, de l'attaquer de front, mais ils essaient de poser la question à un autre point de vue.

A. — Voici, par exemple, comment s'y prend Darwin pour plier les faits à l'interprétation voulue par le système.

D'après lui, les différences qui caractérisent l'homme,

____

(1) Godron. *De l'espèce et des races*, tome II, p. 121-122.

en tant qu'il est organisé pour la station verticale, ne sont que des *caractères d'adaptation*, et par conséquent elles sont insuffisantes pour séparer l'homme des singes.

C'est ainsi qu'après avoir parlé du crâne, Darwin ajoute : « Nous devons nous rappeler que presque toutes les autres et les plus importantes différences entre l'homme et les quadrumanes sont manifestement adaptives de leur nature, et se rapportent principalement à la position verticale de l'homme : telles sont la structure de sa main, du pied et du bassin, la courbure de la colonne vértébrale et la position de la tête (1). »

Nous ne nions pas que les caractères de pure adaptation n'aient, en général, moins de valeur que les autres. Mais il faut ici s'entendre.

Pour les darwinistes tous les caractères que le système a la prétention d'expliquer, sont, en dernière analyse, *en eux-mêmes* ou *corrélativement*, des caractères d'adaptation. Ainsi nos poumons ne sont que les modifications adaptives de la vessie natatoire de nos progéniteurs aquatiques. Toute notre organisation serait aujourd'hui incompatible avec notre ancien mode d'existence, et par conséquent tous nos caractères acquis depuis notre divergence d'une souche pisciforme sont des caractères d'adaptation à notre nouvelle existence terrestre. Cela ne nous empêche pas de nous trouver maintenant bien éloignés des poissons. Par conséquent, il est tout-à-fait insuffisant, surtout au point de vue darwiniste, pour justifier la réunion de l'homme aux singes, de dire que les caractères indiqués plus haut ne sont que des caractères d'adaptation. Si ces caractères, quelle que soit leur origine, *différencient profondément* l'homme des singes, il en résulte que nous ne pouvons leur être réunis. Et Darwin ne considère qu'un côté restreint de la question, lorsqu'il nous dit que les phoques diffèrent moins des autres carnassiers que l'homme ne diffère des singes (2).

---

(1) « We must remember that nearly all the other and more important dif-
» ferences between man and the quadrumana are manifestly adaptive in their
» nature, and relate chiefly to the erect position of man ; such as the structure
» of his hand, foot, and pelvis, the curvature of his spine, and the position of
» his head. » Ch. Darwin, *The descent of man*, vol. I, p. 190.

(2) Ibidem.

En réalité, il n'est pas sérieux d'appeler caractères de pure adaptation des caractères de l'importance de ceux qui se rattachent à la station verticale de l'homme, à moins que l'on n'appelle ainsi toutes les particularités quelconques de la structure de l'homme et des animaux, précisément parce qu'elles sont parfaitement adaptées aux conditions de leur existence. Mais la question ainsi posée se retourne nettement contre le darwinisme. Sans doute il est incontestable que, chez l'homme, tout, de la tête aux pieds, est admirablement coordonné pour assurer la station verticale. Mais cette merveilleuse corrélation de tous les moyens au but nous ramène, par une voie nouvelle, à cet écueil insurmontable du darwinisme : *la réalisation des combinaisons les plus intelligentes par une suite de hasards heureux et purement aveugles.*

B. — Une autre manière de tourner la difficulté est celle d'Huxley lui-même. Pour lui, en ce qui regarde la comparaison du système locomoteur de l'homme et des singes, le seul point important consisterait à savoir si les singes, au lieu d'être quadrumanes, ont comme nous deux pieds.

Or, nous dit Huxley, les singes ont deux pieds. Voyons donc sa démonstration.

D'après Huxley le pied de l'homme est *essentiellement* caractérisé :

1° Par la disposition des os du tarse;

2° Parce que ses doigts ont un muscle fléchisseur court et un muscle extenseur court;

3° Par la présence du muscle péronier long.

Ce serait là ce qui le différencie nettement de la main, et toutes les autres conditions seraient *accessoires*, notamment les proportions et la plus ou moins grande mobilité de l'orteil, *qui peut varier indéfiniment,* nous dit-on, *sans aucune altération fondamentale dans la structure du pied* (1). Et le savant anglais, après avoir constaté que les caractères assignés comme distinctifs du pied se retrouvent chez les singes, principalement chez le gorille, en conclut qu'ils ont deux pieds comme nous.

Admettons pour un moment la thèse : il en résultera que

______

(1) « Which may vary indefinitely without any fundamental alteration in the structure of the foot. » Th.-H. Huxley, *Evidence as to man's place in nature,* p. 90.

les singes seront improprement appelés quadrumanes. Mais en est-il moins vrai que la structure anatomique *exige* pour l'homme l'attitude verticale, tandis qu'elle *l'exclut normalement* chez *tous* les singes. Or, comme dans l'un et l'autre cas, l'attitude habituelle n'est et ne peut être que la résultante de l'ensemble des caractères anatomiques, la conclusion que nous avons énoncée plus haut sur la distance qui sépare l'homme des singes subsiste avec toute sa portée logique, et elle prouverait seule, au besoin, que la méthode exclusive d'Huxley est condamnée par la nature.

Mais nous ne pouvons admettre, avec l'anatomiste anglais, que les singes ne soient pas quadrumanes.

Rien de plus gratuit, en effet, que la notion qu'il nous donne du pied. Pour lui, les caractères *essentiels* sont ceux qui se concilient avec la thèse; les caractères *accessoires* sont ceux qui sont défavorables. En nous fondant sur l'incontestable homologie de structure qui existe entre les membres antérieurs et postérieurs, nous pourrions dire, avec tout autant de raison, que, chez l'homme, la main et le pied ne se distinguent pas *essentiellement :* il nous suffirait d'appeler *essentiels* les caractères communs, et *accessoires* tous les autres.

En fait, selon la remarque du professeur Bianconi, pour établir un parallèle rationnel entre le pied de l'homme et les extrémités postérieures des singes, il faut une comparaison *complète, et en ce qui regarde l'ostéologie, il faut envisager, non-seulement l'égalité du nombre des pièces osseuses, mais encore la ressemblance de forme de ces pièces elles-mêmes, l'uniformité de leurs proportions relatives et de leur situation respective, et enfin encore les conséquences nécessaires de leur assemblage, c'est-à-dire, l'effet qui résulte inévitablement de leur réunion* (1).

Et, en effet, un organe est essentiellement ce qu'il est par les caractères qui le rendent propre à l'usage auquel il est destiné; et le définir, comme Huxley, en ne tenant

---

(1) « Occorre, quanto alla osteologia oltre l'eguaglianza del numero dei
» pezzi ossei, anche la somiglianza di forma dei pezzi medesimi, la uniformità
» delle loro proporzioni relative e del loro respettivo collocamento, ed infine
» anche le conseguenze necessarie del loro assembramento, vale a dire, l'effetto
» che inevitabilmente discende dalla loro riunione.» G.-G. Bianconi, *L'uomo-scimmia*, p. 54.

aucun compte de ces conditions, c'est se placer en dehors de la nature. Aussi la définition qu'il a donnée du pied est-elle bien différente de celle qu'ont donnée la plupart des naturalistes.

« Un gros orteil, nous dit Owen, fournissant point d'appui soit pour se tenir debout soit pour marcher, est peut-être le caractère le plus particulier de la structure humaine; *c'est ce caractère qui fait la différence du pied et de la main....*

» Chez le chimpanzé, comme chez le gorille, cet orteil ne dépasse pas la phalange du second doigt; mais il est plus gros et plus fort chez le gorille que chez le chimpanzé. *Dans tous les deux c'est* UN VÉRITABLE POUCE, écarté des autres doigts, dont il s'éloigne chez le gorille, au point de faire un angle de 60° avec l'axe du pied (1). »

Alix le proclame aussi : du moment où l'on place le caractère essentiel de la main dans l'existence du pouce, l'extrémité postérieure du gorille est nécessairement une main (2).

Il est particulièrement inconcevable qu'Huxley, dans son énumération des caractères distinctifs du pied et de la main, n'ait pas signalé la disposition du *ligament transverse* qui, au pied, réunit les cinq extrémités des métatarses, tandis qu'à la main il ne réunit que quatre métacarpes et laisse libre le pouce. Or, sous ce rapport, il y a accord parfait entre l'extrémité postérieure du gorille et la main de l'homme.

Aussi les darwinistes ont-ils perdu aujourd'hui beaucoup de leur assurance au sujet de la thèse d'Huxley. Schaaf-hausen, quoique darwiniste très ardent, reconnaît que, chez le gorille lui-même, l'extrémité postérieure est tout autant main que pied : «Au sujet du gorille, nous dit-il, on peut concilier les opinions contraires, attendu que son extrémité postérieure est mi-partie un pied, mi-partie une main. Le côté du talon est pied, le devant est main (3).» Et Büchner

(1) Owen, *On the classification and geographical distribution of the mammalia,* 1859. (Citation de P. Du Chaillu, opere citato, p. 414).

(2) Cf. Alix, *Recherches sur la disposition des lignes papillaires de la main et du pied (Annales des sciences naturelles, zoologie et paléontologie,* tome VIII, p. 346-347. Paris, 1867).

(3) Schaafhausen, citation de L. Büchner, *Conférences* etc., p. 122.

lui-même reconnaît que la proposition d'Huxley ne rencontre plus un assentiment unanime même parmi les partisans du système (1). C'est dire assez que là aussi les darwinistes sentent le terrain s'échapper sous leurs pieds.

IV.

Mais l'échec le plus grave qu'ait reçu le darwinisme à propos des assertions d'Huxley lui est venu des travaux de Bischoff et surtout d'Aeby, concernant le crâne.

Certes on connaissait déjà, indépendamment des recherches de ces savants, que l'homme se distingue considérablement des singes par le volume et le poids du cerveau, la capacité du crâne, la grandeur de l'angle facial, les proportions relatives de la face et du crâne. Mais l'étude comparée, reprise par ces anatomistes, a répandu de nouvelles lumières sur la question.

A la vérité, Bischoff ne la traite pas d'une manière aussi étendue qu'Aeby; cependant ses recherches lui suffisent pour affirmer qu'il y a *un manque absolu de faits pour établir ou même simplement pour expliquer le passage du singe à l'homme* (2).

Mais nous devons insister sur l'ouvrage d'Aeby : *Les formes du crâne de l'homme et des singes* (3). Dans ce travail, le savant anatomiste de Berne a voulu soumettre à un examen approfondi, en ce qui regarde le crâne, les assertions d'Huxley sur le rapprochement de l'homme et des singes.

Il a accumulé à cet effet des mesures et des comparaisons sous tous les rapports possibles, des crânes de toutes les races humaines et je dirai de tous les peuples, en même temps que du crâne, non - seulement des singes, mais encore des mammifères qui leur sont inférieurs. Ce travail renferme des centaines et des milliers de mesures, et par l'étendue et la grande variété des re-

(1) Ibidem.

(2) Cf. Th.-H. Bischoff, *Ueber die Verschiedenheit in der Schädelbildung des* Gorilla, Chimpansé *und* Orang-Outan, *vorzüglich nach Geschlecht und Alter nebst einer Bemerkung über die Darwinsche Theorie,* p. 88. München, 1867.

(3) Car. Arby. *Die Schädelformen des Menschen und des Affen.* Leipzig, 1867.

cherches, abstraction faite de la nature des conclusions auxquelles il aboutit, il dépasse singulièrement en importance tout ce qu'a écrit Huxley à ce sujet. Or, loin d'arriver au même résultat que le naturaliste anglais, Aeby, au contraire, déclare catégoriquement faux, en ce qui concerne le crâne, les rapprochements qu'on avait établis entre l'homme et le singe.

« Il résulte de l'ensemble (des comparaisons), dit Aeby, que la différence totale qui sépare l'homme du singe le plus proche est plus considérable que celle qui sépare les singes les uns des autres ; et, par conséquent, nous n'hésitons pas un instant à soutenir que le type humain du crâne se distingue de la manière la plus nette possible du type simien, et que nommément les soi-disant anthropomorphes *se rattachent, sous tout rapport, d'une manière incomparablement plus étroite à leurs alliés naturels et même aux mammifères inférieurs qu'à l'homme* (1). »

Et quelques pages plus loin, nous trouvons de même :

« Ce n'est pas un point, ni un côté isolé, mais l'*ensemble* seulement du crâne qui nous apprend à le comprendre exactement, et à appliquer à sa conformation une mesure de comparaison. Mais si nous examinons ainsi le singe et l'homme, nous voyons sans doute que le plan fondamental leur est commun avec tous les vertébrés, mais que sur ce plan des édifices complétement différents ont été élevés. Leur conformation ne concorde effectivement que rarement même en un point isolé ; plus souvent l'accord n'est qu'apparent ; *pour l'ensemble, ils n'ont rien de commun entre eux. Il ne se trouve pas dans toute la série des mammifères un vide qui puisse se comparer, ne fût-ce que de loin, avec celui qui sépare le singe de l'homme.* Les crânes humains les plus dégradés sont tellement éloignés, à tous égards, des crânes simiens les plus élevés, et se relient si étroitement à leurs

____

(1) « Aus allem ergiebt sich, dass der Gesammtunterschied des Menschen
« von dem nächsten Affen beträchtlicher ist, als derjenige der Affen unter·
« einander, und wir stehen deshalb keinen Augenblick an, zu behaupten,
» dass der menschliche Typus des Hirnschädels auf das allerbestimmteste
» von dem afflichen sich unterscheidet, und dass namentlich die sogenann-
» ten Anthropomorphen *sich in jeder Beziehung ungleich inniger an die na·*
» *türlichen Verwandten und selbst an die niedrigeren Saügethiere als an den*
» *Menschen anlehnen.* » Aeby, *Die Schädelformen*, p. 77.

congénères supérieurs, qu'il vaudrait mieux, en se tenant au point de vue purement morphologique, laisser désormais cette expression toujours odieuse de ressemblance simienne... Il n'arrive pas même une seule fois que la ressemblance superficielle soit aussi grande qu'on a souvent voulu le prétendre (1). »

Les darwinistes se sont aussi prévalus de ce que, dans le jeune âge, le crâne du singe s'écarte moins de celui de l'homme. Mais Aeby fait remarquer que ces assertions reposent sur des comparaisons établies entre des crânes de jeunes singes et ceux d'hommes adultes (2). Si l'on a soin de comparer des sujets arrivés à des phases correspondantes, le résultat est tout autre.

« On ne peut nier, nous dit Aeby, qu'il n'y ait dans le jeune âge un *léger* rapprochement des types ; mais ce rapprochement ne va jamais assez loin pour ébranler relativement à une période quelconque la proposition établie pour l'âge adulte, à savoir, que le crâne humain se sépare nettement du crâne simien.... *Toujours l'intervalle entre l'homme et le singe est incomparablement plus grand que celui qui sépare ce dernier du reste des animaux* (3). »

(1) « Nicht ein einzelner Punkt, nicht eine einzelne Seite, sondern nur
» das Ganze des Schädels lehrt uns ihn richtig erfassen und einen verglei-
» chenden Maasstab an seine Gestaltung legen. Treten wir aber so an
» den Affen und an den Menschen heran, so sehen wir allerdings, dass
» ihnen mit allen anderen Wirbelthieren der Grundplan gemein ist, dass
» auf demselben aber durchaus verschiedenartige Gebäude errichtet sind.
» Nur selten trifft ihre Bildung in einem einzelnen Punkte wirklich, öfter
» scheinbar zusammen; *als Ganzes haben sie nichts mit einander gemein. In
» der ganzen Reihe der Säugethiere findet sich keine Lücke., die auch von
» ferne sich vergleichen liesse mit derjenigen, welche den Affen vom Menschen
» trennt.* Selbst die niedrigsten Menschenschädel stehen den höchsten Affen-
» schädeln in jeder Hinsicht so fern und schliessen sich so eng an ihre
» höhern Verwandten an, dass es vom rein morphologischen Standpunkte
» aus besser wäre, auf den immerhin gehässigen Ausdruck der Affenähn-
» lichkeit zu verzichten... Nicht einmal die oberflächliche Aehnlichkeit ist
» so gross, wie man es oft hat behaupten wollen. » Aeby, ibidem, p. 82.
(2) Ibidem, p. 82.
(3) « Ist nicht zu leugnen, dass in jugendlichem Zustande eine *geringe*
» Annäherung der Typen stattfindet; immerhin reicht sie lange nicht aus,
» um den für den Erwachsenen aufgestelten Satz, dass der menschliche
» Schädel scharf von dem affichen sich abgrenze, für irgend eine Periode
» umzustossen.... *Zu allen Zeiten ist die Lücke zwischen Mensch und Affe*

Aussi pour résumer en quelques mots le résultat de ses recherches, Aeby nous dit en terminant :

« Nous sommes à la fin de notre étude. Nous avons appris à connaître le type humain comme une *île solitaire qui n'est reliée par aucun point à la terre voisine des mammifères* (1). »

Ce résultat, appuyé, comme il l'est, sur des milliers de mesures précises, nous paraît décisif contre la thèse d'Huxley, et nous sommes confirmé dans cette appréciation par l'attitude même des darwinistes vis-à-vis de l'ouvrage d'Aeby.

En général, ils y répondent par un silence absolu. Le nom d'Aeby n'est pas même mentionné dans les *Conférences de Büchner sur la théorie darwinienne*, quoiqu'elles aient paru après le travail du savant de Berne, ni même dans la seconde édition de l'*Histoire naturelle de la création* d'Häckel, qui a paru en 1870.

Quant à Darwin, il y consacre en passant un mot. «Les différences considérables entre les crânes de l'homme et des quadrumanes, nous dit-il, (différences signalées récemment par Bischoff, Aeby et autres,) résultent *apparemment* de l'inégal développement de leurs cerveaux (2).» C'est tout.

Ainsi Darwin passe condamnation sur l'exactitude des résultats; mais à des *faits nombreux et concluants* il oppose tout simplement une *supposition de son esprit*. Vraiment la science sérieuse ne peut se contenter de cela; et il y a là manifestement un aveu implicite d'impuissance (3).

» *ungleich grösser, als diejenige zwischen diesem und den übrigen Thieren.* Ibidem, p. 87.

(1) « Wir stehen am Ende unserer Untersuchung. Wir haben den menschlichen Typus als *einsame Insel* kennen gelernt, *von der keine Brücke zum Nachbarlande der Säugethiere führt.* » Ibidem, p. 91.

(2) « The strongly-marked differences between the skulls of man and the quadrumana (lately insisted upon by Bischoff, Aeby, and others,) *apparently* follow from their differently developed brains. » Ch. Darwin, *The descent of man*, v. I, p. 190.

(3) Chose remarquable ! Tandis que les publications les plus insignifiantes, du moment où elles sont favorables à ses idées, sont parfaitement renseignées par Darwin avec leurs titres, l'ouvrage d'Aeby ne se trouve pas même nommé dans l'*Origine de l'homme*, comme si le naturaliste anglais craignait de faciliter à ses lecteurs le recours personnel au travail du savant professeur de Berne.

Mais ce qui est surtout étonnant, c'est qu'après avoir lui-même rappelé, sans y donner un mot de réfutation réelle, les résultats obtenus par Bischoff et Aeby, Darwin néanmoins, à la page suivante, oubliant ce qu'il vient de dire, invoque encore la thèse d'Huxley, d'après laquelle « l'homme dans toutes les parties de son organisation diffère moins des singes supérieurs que ceux-ci ne diffèrent des membres inférieurs du même groupe (1). » Non, il n'en est pas ainsi. La thèse d'Huxley est surannée; et nous avons le droit de dire qu'elle est, en fait, reconnue comme telle par les darwinistes eux-mêmes aussi longtemps qu'ils n'auront pas, nous ne disons pas détruit, mais du moins *essayé de détruire* les résultats que nous venons d'indiquer.

V.

Une foule d'autres caractères distinguent essentiellement l'homme de tous les singes quelconques.

Nous n'insisterons pas sur l'expression d'intelligence de la face humaine en opposition avec les caractères brutaux du singe (2). Nous nous contenterons de mentionner l'admi-

---

(1) « Man in all parts of his organisation differs less from the higher apes, » than these do from. the lower members of the same group. » Loco citato, p. 191.

(2) A nos lecteurs qui en auraient l'occasion, nous conseillons de se faire une idée des caractères physiques distinctifs des singes supérieurs et de l'homme par la vue directe des objets. On trouve tous les anthropoïdes au *Museum d'histoire naturelle* de Paris et au *British Museum* de Londres. Les spécimens empaillés du gorille frappent immédiatement par cette face *épouvantablement bestiale*, si bien décrite par P. Du Chaillu, et la première fois que nous nous sommes trouvé en présence de cet animal, il nous a fait, sous ce rapport, une impression vraiment saisissante.

Mais il faut se défier des préparations *purement artificielles*. C'est ainsi que nous avons vu à l'Exposition universelle de Paris, en 1867, un gorille qui était manifestement flatté et *idéalisé* au point de vue des systèmes transformistes.

Au reste, rien de mieux que la comparaison des squelettes lorsqu'on veut faire un examen qui ne s'arrête pas à la superficie. Mais les squelettes de gorille sont encore rares dans les musées du continent. Cependant, par une bonne fortune due à l'administration de M. le professeur Van Beneden, le *Cabinet d'histoire naturelle* de l'Université de Louvain possède le squelette complet d'un gorille mâle adulte, très propre, par conséquent, à faire voir l'énorme développement des canines et des mâchoires, en même temps que des crêtes crâniennes qui impriment à la tête un caractère éminemment brutal.

rable perfection de la main qui, par ses aptitudes, est déjà
une espèce de *compas* supposant le géomètre, selon l'expression de Blainville (1). Quand on a lu la savante et considérable analyse d'Alix (2), qui met si bien en lumière l'incom-
parable adaptation de la main *aux fins d'intelligence*, on
ne s'explique que par les exigences du système l'étrange
assertion de Darwin d'après lequel la structure de la main
serait principalement en rapport avec la station verticale (3).

Mais nous indiquerons particulièrement, parmi les caractères physiologiques, la faculté du langage articulé, qui
creuse véritablement un abîme sans aucune gradation possible entre l'homme et les singes même les plus élevés.
Aussi peut-on dire qu'ici particulièrement le darwinisme
perd tout caractère sérieux.

Écoutons, en effet, Darwin lorsqu'il nous expose quel
aurait été le premier pas dans la formation du langage chez
nos progéniteurs :

« Comme les singes, nous dit-il, comprennent beaucoup
ce qui leur est dit par l'homme, et comme, dans l'état de
nature, ils jettent comme signal des cris d'alarme à leurs
compagnons, il ne paraît pas tout-à-fait incroyable qu'un
animal appartenant à ce groupe et exceptionnellement avisé
aurait *pensé* à imiter le rugissement de la bête de proie. Et
tel serait le premier degré dans la formation du langage(4). »

Ainsi voilà la difficulté résolue par une supposition qu'on
énonce d'abord simplement comme n'étant pas *tout-à-fait
incroyable*. Mais il nous semble que pour légitimer un système, on peut demander une base qui non-seulement ne soit
pas *tout-à-fait incroyable*, mais au contraire soit *tout-à-fait*

---

(1) Cf. Gratiolet, *De l'homme*, etc. *(Revue des cours scientifiques*, t. I,
p. 192. Paris, 1864).

(2) Cf. Alix, *Recherches*, etc., *(Ann. des sc. nat., zool. et pal.*, 5e s.,
t. VIII, p. 298-331. Paris, 1867).

(3) Cf. Ch. Darwin, *The descent of man*, v. I, p. 190.

(4) « As monkeys certainly understand much that is said to them by man,
» and as in a state of nature the yutter signal-cries of danger to their fol-
» lows, it does not appear altogether incredible, that some unusually wise
» ape-like animal should have *thought* of imitating the growl of a beast of
» prey, so as to indiceta to his fellow monkeys the nature of the expected
» danger. And this would have been a first step in the formation of a lan-
» guage. » Loco citato, p. 57.

croyable. Or, quelle raison scientifique avons-nous de croire à cette origine du langage rêvée par le darwinisme ? Jamais un singe anthropoïde actuel, *fût-il des plus avisés,* n'a laissé soupçonner qu'il *pensait* à imiter la voix des animaux carnassiers. De même que le rugissement de ceux-ci est, pour chaque espèce, *sui generis,* de même aussi le cri d'alarme des animaux en danger est caractéristique pour chacun d'eux. En fait l'hypothèse de Darwin n'a aucune autre raison d'être que la nécessité du système.

Mais l'explication de Dally est peut-être plus curieuse encore. Pour lui la faculté du langage existerait chez les singes comme chez nous, seulement il ne leur convient pas d'en faire usage. « Si les grands singes n'articulent pas une véritable parole, nous raconte-t-il, c'est qu'ils n'en sentent pas le besoin (1). »

Nous le demandons : une hypothèse n'est-elle pas jugée, lorsque, pour se soutenir, elle en est réduite à de tels faux-fuyants ?

VI.

Si l'homme actuel étudié dans son ensemble, même uniquement au point de vue anatomique et physiologique, est loin de se prêter aux rapprochements tentés par les darwinistes, on peut dire que les recherches les plus récentes sur l'homme fossile n'ont pas été plus favorables au système.

A en croire certains darwinistes, l'homme de la période quaternaire montrait dans sa structure un rapprochement manifeste vers le type simien.

A *priori,* quand on connaît les résultats des études qui ont été faites sur les animaux contemporains de l'homme quaternaire, ces assertions sont dénuées de toute vraisemblance.

Et, en effet, M. le professeur Van Beneden, qui a comparé les chauves-souris de l'époque du mammouth à celles de l'époque actuelle (2), n'y a pas trouvé la moindre diffé-

(1) Dally. *L'ordre des primates et le transformisme,* p. 21.

(2) Cf. Van Beneden, *Les chauves-souris de l'époque du mammouth et de l'époque actuelle (Revue générale,* p. 556-560. Bruxelles, 1871).

rence malgré la concurrence qu'ont dû se faire ces animaux qui tous *ont le même régime*, qui ne *trouvent des insectes pour pâture qu'à l'époque des chaleurs, et pourtant ont dû traverser des périodes de froid.* Il a constaté que les espèces ensevelies dans les grottes sont exactement les mêmes que celles qui les fréquentent encore aujourd'hui. « Elles sont tellement semblables les unes aux autres, que celles qui se trouvent le plus abondamment aujourd'hui sont aussi celles qui ont laissé le plus de débris(1). » Et il en est de même des animaux qui vivaient à côté : mollusques, reptiles, etc.

Il n'y a donc rien ici qui favorise les prévisions du darwinisme sur les effets de la sélection. Or, Wallace, suivi en cela par tous les darwinistes, explique que l'homme, à raison de ses instincts sociaux et sympathiques, est de tous les animaux celui sur lequel la sélection a le moins de prise (2). Puis donc que la sélection naturelle n'a pu rien faire en ce qui regarde les animaux inférieurs contemporains du mammouth, il serait bien étonnant qu'elle eût produit des effets plus marqués sur l'homme.

Et, en effet, l'homme quaternaire, dans l'ensemble de ses caractères, ne rappelle pas du tout un type simien.

A la vérité, on ne peut nier que quelques faits, considérés isolément, ne soient favorables à l'hypothèse du darwinisme. Telle est, par exemple, la saillie longitudinale du fémur appelée *ligne âpre*, et qui parfois est aussi développée chez l'homme quaternaire que chez le singe. Tel est également le développement du *péroné*, très puissant aussi chez nos ancêtres (3).

Nous accordons tout cela. Mais quand même nous n'aurions pas à alléguer d'autres faits d'une signification tout opposée, il ne faudrait pas pourtant attacher grande importance aux particularités indiquées. Si nos ancêtres de l'époque du *grand ours* et du *mammouth* avaient la jambe plus robuste et le fémur plus volumineux, on peut se l'expliquer comme un résultat de l'exercice, si l'on songe à la vie rude

(1) Cf. ibidem.

(2) Cf. A.-R. Wallace, *Contributions to the theory of natural selection*, p. 311-317. 2nd edition. London, 1871.

(3) Cf. Figuier, *L'homme primitif*, p. 26-27. Paris, 1870.

qu'ils menaient en chassant et en combattant les grands mammifères.

Il y a d'ailleurs à examiner des faits de bien plus grande valeur. Quel que soit l'esprit de système, les darwinistes ne peuvent méconnaître que les caractères tirés du crâne priment singulièrement les autres en importance. Voyons donc ce que nous disent les crânes quaternaires.

Le crâne de *Neanderthal* a été particulièrement invoqué comme indiquant des caractères simiens, à raison de l'énorme développement des arcades sourcilières et surtout de la forme déprimée de la boîte crânienne (1). Mais d'abord nous ferons remarquer que l'âge du crâne de Neanderthal est incertain (2), quoique son antiquité soit devenue aujourd'hui plus probable. D'autre part, même avec la capacité de ce crâne donnée par Huxley (3), on aurait encore un cerveau dont le volume est supérieur à celui qui, aujourd'hui même, est offert par des individus appartenant à une race quelconque, même élevée.

Mais il y a plus : l'étude de ce crâne, reprise par Prüner-Bey, a donné des résultats bien différents de ceux qu'on avait annoncés d'abord.

Ainsi, d'après ce savant, il n'y a aucun rapprochement possible entre les arcs sourciliers considérables du crâne de Neanderthal et la crête frontale du gorille.

Et, en effet, tandis que chez l'homme de Neanderthal, les *arcades sourcilières proéminentes révèlent un grand déve- loppement des sinus frontaux, développement qui correspond à une grande force musculaire ; chez le gorille, rien ne s'at- tache derrière cette crête. Elle est solide, sans creux, et plus mince à sa base qu'à son bord libre. C'est précisément le contraire de ce qu'offre l'homme de Neanderthal. Ce carac- tère n'est, par conséquent, chez le gorille que le symbole de la bestialité.*

De plus, par un moulage en plâtre opéré à l'intérieur, Prüner-Bey est arrivé à reconnaître que le cerveau de

---

(1) Cf. Huxley, apud Lyell, *L'ancienneté de l'homme*, p. 93.

(2) Cf. P. Gervais, *Recherches sur l'ancienneté de l'homme et la période quaternaire*, p. 108. Paris, 1867.

(3) Cf. Huxley, loco citato.

l'homme de Neanderthal *est d'un volume* QUI SURPASSE LE VOLUME MOYEN DE CELUI DE L'HOMME MODERNE, *et que toute la surface de cet encéphale, sans exception aucune, est conformée suivant le type humain* (1).

Nous avons particulièrement cité le crâne de Neanderthal à cause de sa célébrité. En fait, il a aujourd'hui peu d'importance, car plusieurs crânes, beaucoup mieux conservés et d'une antiquité non douteuse, ont été récemment découverts dans des gisements appartenant à l'époque du grand ours des cavernes et du mammouth. Nous indiquerons notamment, parmi beaucoup d'autres, les crânes de Cro-Magnon en France. Or, ces crânes appartiennent incontestablement à une race à *grand cerveau*.

Il y a plus : on a trouvé à Stängenas, en Suède, des crânes qui paraissent plus anciens encore, et dont la capacité cérébrale serait *sensiblement supérieure à celle des crânes actuels* (2).

En somme, les races primitives dont on a retrouvé des restes offrent habituellement un mélange *de caractères de supériorité et de caractères d'infériorité*. Mais il faut remarquer que les caractères d'infériorité se rattachent, en général, à un grand développement de la force physique, tandis que les caractères de supériorité se rattachent surtout à l'organe de l'intelligence, au cerveau, et par conséquent ont plus d'importance.

Désormais donc il ne saurait être sérieusement contesté que les races primitives qui ont habité l'Europe occidentale étaient, *en somme, fort supérieures* à plusieurs races aujourd'hui existantes ; et par conséquent les recherches paléontologiques récentes sur l'homme, loin de favoriser l'hypothèse de notre origine simienne, la contredisent catégoriquement.

Ainsi nous pouvons aujourd'hui, appuyés sur des faits bien plus nombreux, répéter la conclusion d'Aeby à ce sujet : « Il est important de savoir que, même pour les temps les plus anciens, il n'a pas été trouvé de formes qui ne se ren-

(1) Cf. Prüner-Bey, *Congrès international d'anthropologie...* tenu à Paris en 1867, p. 358-359. Paris, 1868.

(2) Cf. E.-T. Hamy, *Précis de paléontologie humaine*, p. 130. Paris, 1870.

contrent encore aujourd'hui. Libre donc à celui qui croit imperturbablement à la vérité de la théorie de descendance d'en réclamer toujours l'application logique à l'homme ; mais il devra, après cela, renoncer à invoquer en faveur de son hypothèse *ne fût-ce qu'un seul fait* tiré de l'histoire de l'humanité, aussi loin qu'elle nous est accessible jusqu'ici (2). »

VII.

Au reste, si les darwinistes cherchent à amoindrir autant que possible la distance qui sépare l'homme des singes, ils ne nient pas, en général, que cette distance ne soit très considérable. Darwin (1) et Lyell (2) reconnaissent qu'il y a absence complète des intermédiaires supposés par la théorie. Il y a là pour le système un écueil inévitable.

Le lecteur peut d'ailleurs deviner d'avance comment, ici encore, les darwinistes plaident les circonstances atténuantes.

« Nous n'avons pas encore fouillé, nous dit Lyell, dans le grand livre de la nature, les seules pages où nous ayons quelque droit de nous attendre à trouver la trace de ces anneaux qui nous manquent. Les patries des singes anthropoïdes sont les régions tropicales de l'Afrique et les îles de Bornéo et de Sumatra, régions qui sont, à vrai dire, tout-à-fait inconnues sous le rapport de leurs mammifères pliocènes et post-pliocènes...

» Quelque jour dans l'avenir, *quand peut-être des centaines d'espèces de quadrumanes fossiles* auront été mises au jour, le naturaliste pourra raisonner sur ce sujet ; pour le moment, il faut nous contenter d'attendre *patiemment, et*

____

(2) « Wichtig ist... die Erkenntniss, dass auch in den ältesten Zeiten keine
» Formen gefunden worden sind, die nicht auch heute noch vorhanden wären.
» Wer deshalb dem Glauben an die Wahrheit der Descendenztheorie huldigt,
» der mag immerhin deren consequente Anwendung auf den Menschen for-
» dern, aber er wird darauf verzichten müssen, aus der Geschichte der
» Menschheit, so weit sie uns bis jetzt zugänglich geworden, auch *nur Eine*
» *Thatsache* zu Gunsten seiner Hypothese vorzubringen. » Aeby, *Die Schädel-
formen*, p. 90.

(1) Cf. Ch. Darwin, *The descent of man*, v. 1, p. 107, 185, 201.

(2) Cf. Lyell, *L'ancienneté de l'homme*, p, 550 et seq.

nous garder de laisser notre jugement au sujet de la trans-
mutation subir l'influence de cette absence de preuves (1). »

Darwin, naturellement, trouve satisfaisante l'explication de Lyell (2).

On peut, semble-t-il, n'être pas satisfait à si bon marché. Nous ne saurions considérer comme des raisons *scientifi-ques* les prétextes hypothétiques que le darwinisme met en avant pour expliquer *comment* et *pourquoi* ces quadrumanes intermédiaires n'ont pas été trouvés jusqu'ici.

Et d'abord on nous dit que nous n'avons pas encore fouillé dans le grand livre de la nature les seules pages utiles. Mais qu'en sait Lyell? D'après le darwinisme l'homme ne descend pas des anthropoïdes actuels, mais d'un anthropoïde éteint. Or, puisqu'il y a maintenant des anthropoïdes en Afrique, en Asie, à Bornéo, à Sumatra, et qu'on a même trouvé un gibbon fossile en France, le *Dryopithecus* de Lar-tet, que pouvons-nous savoir de la patrie du singe qui aurait été notre progéniteur? Et Darwin même, en approuvant Lyell, oublie ce qu'il avait dit deux pages plus haut au sujet de la patrie de l'homme primitif : « Il est inutile de disserter sur ce sujet, puisqu'un singe à peu près aussi grand que l'homme, à savoir le *Dryopithecus* de Lartet qui était étroitement allié aux *hylobates* anthropomorphes, exis-tait en Europe durant la période miocène supérieure, et, depuis une époque si reculée, la terre a certainement subi plusieurs grandes révolutions, en sorte qu'il y a là ample-ment le temps nécessaire pour des migrations sur l'échelle la plus vaste (3). »

Aussi Darwin sent-il la nécessité de recourir à un autre argument, qui revient fréquemment. Une telle difficulté, d'après lui, ne saurait *avoir grande valeur pour celui qui, par des raisons graves, a foi dans le principe général de*

(1) Ibidem, p. 550-551.

(2) Cf. Darwin, *The descent of man*, v. I, p. 201.

(3) « It is useless to speculate on this subject, for an ape nearly as large
» as a man, namely the *Dryopithecus* of Lartet, which was closely allied
» to the anthropomorphous *Hylobates*, existed in Europe during the upper
» miocene period; and since so remote a period the earth has certainly
» undergone many great revolutions, and there has been ample time for
» migration on the largest scale. » Darwin, *The descent...*, v. I, p. 199.

l'évolution (1). Nous n'en doutons pas : celui qui est déjà convaincu n'a plus d'obstacles à lever. Mais cette réponse n'est pas une explication.

Darwin ajoute subsidiairement que d'ailleurs des lacunes se retrouvent également sans cesse dans toute la série des mammifères. Certes, il n'en est nulle part d'aussi considérables que celle-ci. Mais nous admettons pourtant que le système a contre lui des centaines de difficultés analogues, quoique moins graves. Constater ces difficultés, est-ce les résoudre?

Büchner, lui, a une autre solution : les intermédiaires cherchés existent déjà en partie, puisque l'homme fossile se rapproche des singes et que l'on a des *singes fossiles plus voisins de l'homme que ceux vivant aujourd'hui*. Il cite à l'appui de cette thèse le *Dryopithecus* de Lartet, parce que ce singe est plus grand que le gorille, et a une denture plus humaine que celle du chimpanzé (2).

Nous avons déjà vu ce qu'il faut penser du caractère des races primitives européennes. Inutile donc d'y revenir.

En ce qui concerne le *Dryopithecus*, l'assertion est tellement paradoxale qu'elle étonne même de la part de Büchner. Le *Dryopithecus*, malgré les caractères particuliers qu'il présente, est un *gibbon*, et comme tous les gibbons il s'écarte de l'homme, de l'aveu de tous les anatomistes et d'Häckel lui-même (3), plus que les autres anthropoïdes. La taille, évidemment, est le caractère le moins important, puisqu'elle ne préjuge rien sur les affinités de structure; et quant à la denture, Büchner se trompe s'il pense que le caractère du *Dryopithecus* est quelque chose de neuf. Ainsi que le fait remarquer Lyell, un gibbon actuellement vivant le présente également (4). Lors donc que Büchner vient nous dire qu'on a trouvé des singes fossiles plus voisins de l'homme que ne le sont les singes actuels, il dit tout simplement le contraire de ce qui est reconnu vrai par tout homme sérieux.

(1) Loco citato, p. 200.

(2) Cf. Büchner, *Conférences sur la théorie darwinienne*, p. 141.

(3) Cf. Häckel, *Natürliche Schöpfungsgeschichte*, p. 576.

(4) Cf. Ch Lyell, *Elements of geology*, p. 231. 6th edition, London. 1865.

En somme donc, malgré toutes ces explications contradictoires, la difficulté subsiste tout entière; et si le darwinisme a encore besoin de la découverte de *centaines de quadrumanes fossiles* pour établir la continuité entre l'homme et les singes, nous croyons que Lyell se place en dehors des vraies méthodes scientifiques en nous demandant de ne pas *laisser influencer notre jugement par cette absence de preuves*. Cette absence de preuves est pour nous un élément essentiel d'appréciation, et, à notre tour, nous demandons au darwinisme d'*attendre patiemment* qu'il ait comblé ce vide avant de formuler ses conclusions.

VIII.

Jusqu'ici nous avons surtout considéré la structure anatomique de l'homme et des singes à l'état d'achèvement. Or, nous voulons maintenant essayer de montrer que l'*histoire du développement* des organes conduit également à écarter toute idée de filiation entre les deux groupes.

Prüner-Bey, entre autres, a publié un tableau parallèle des différences les plus caractéristiques entre les singes anthropoïdes et l'homme, et il en a déduit la conclusion qu'il existe « *un ordre inverse* du terme final du développement dans les appareils sensitifs et végétatifs, dans les systèmes de locomotion et de reproduction (1). »

« Cet ordre inverse, nous dit de Quatrefages, se montre également dans la série du développement individuel.

» M. Prüner-Bey a montré qu'il en est ainsi pour une partie des dents permanentes. M. Welker, dans ses curieuses études sur l'angle sphénoïdal de Wirchow, est arrivé à un résultat semblable. Il a montré que les modifications de la base du crâne, c'est-à-dire, d'une des parties du squelette dont les rapports avec le cerveau sont les plus intimes, avaient lieu en sens inverse chez l'homme et chez le singe. Cet angle diminue chez l'homme à partir de la naissance, et s'agrandit au contraire chez le singe au point de s'effacer (2).

(1) Prüner-Bey. *Bulletin de la Société d'Anthropologie*, 1861, p. 526, Paris.

(2) De Quatrefages. *Rapport sur les progrès de l'anthropologie*, p. 246.

Le professeur Bianconi a comparé, à d'autres égards, l'évolution de la tête chez le singe et chez l'homme, depuis l'enfance jusqu'à l'âge adulte, et il est arrivé à des résultats analogues.

Et, en effet, par des pesées successives de la quantité de sable qui peut être introduite dans le crâne de l'orang-outan et de l'homme, il a obtenu les chiffres suivants :

	POIDS DU SABLE.
Crâne de l'homme à trois ans	1090 gr., 46
Crâne de l'homme adulte . . . : . . .	2086, 70
Crâne de l'orang-outan avant l'apparition des crêtes crâniennes.	512, 40
Crâne de l'orang-outan adulte.	587, 86

Ainsi, tandis que chez l'homme la capacité du crâne depuis l'enfance jusqu'à l'âge adulte augmente énormément, afin de loger un cerveau de plus en plus volumineux au service de l'intelligence, cette capacité, au contraire, ne diffère que peu chez le singe aux différents âges.

En revanche *le crâne lui-même*, pesé dans les mêmes conditions, s'était accru chez le singe adulte du poids de 944 gr., 30, tandis que chez l'homme adulte le poids du crâne n'était accru que de 431 gr., 10.

Or la conséquence tirée de ces chiffres par Bianconi est évidente : c'est que chez l'homme l'évolution de la tête a lieu dans le sens du développement des facultés intellectuelles, et chez l'orang-outan, au contraire, cette évolution a lieu dans le sens de la force physique et des facultés violentes de la brute (1).

La même loi se manifeste dans le développement relatif de la face et du crâne à partir de l'enfance. « Chez l'homme, dit Aeby, le crâne et la face s'accroissent proportionnellement; chez le singe, au contraire, le crâne a déjà presque achevé son accroissement à une époque où le développement de la face se continue encore avec une pleine énergie. A mesure que l'âge augmente, l'expression bestiale se montre toujours plus marquée parce que la boîte crânienne ne cesse de devenir proportionnellement plus petite, tandis que la face s'agrandit toujours (2). »

(1) Cf. Bianconi, *L'uomo-scimmia*, p. 27-28.

(2) « Im Menschen vergrössert sich der Gehirn-und Gesichtsschädel gleich-
» mässig ; im Affen hat jener sein Wachsthum schon zu einer Zeit, wo ein

Mais un développement inverse des plus caractéristiques est celui qui a été signalé par Gratiolet par rapport au cerveau, et dont il a fait l'objet de communications à la Société d'Antropologie et à l'Académie des Sciences, en même temps que d'une conférence à la Sorbonne.

A l'état adulte, le cerveau chez l'homme est typiquement semblable à celui du singe. Or, « c'est là une loi sans exception, en histoire naturelle, dit Gratiolet, que le semblable se développe d'une manière semblable... Toute exception à cette règle constitue une anomalie sans exemple, un véritable prodige. Or, ce prodige est réalisé par l'homme.

» .... Ainsi les plis dans le cerveau des singes apparaissent d'abord sur les lobes inférieurs, et en dernier lieu sur les lobes frontaux. Dans l'homme, l'inverse a lieu : les plis frontaux apparaissent les premiers, les plis inférieurs sont les derniers. Il en résulte des différences perpétuelles pendant la vie fœtale; et l'homme, à cet égard, se présente comme une irrésoluble exception (1). »

Et dans son mémoire sur les microcéphales, lu à la Société d'Anthropologie, Gratiolet nous dit de même :

« Les circonvolutions temporo-sphénoïdales apparaissent les premières dans le cerveau des singes et s'achèvent par le lobe frontal; or, c'est précisément l'*inverse* qui a lieu dans l'homme : les circonvolutions frontales apparaissent les premières, les temporo-sphénoïdales se dessinent en dernier lieu : ainsi la même série est répétée ici d'α en ω, là d'ω en α. De ce fait, constaté très rigoureusement, résulte une conséquence nécessaire : aucun arrêt de développement ne saurait rendre le cerveau humain plus semblable à celui des singes qu'il ne l'est dans l'âge adulte; loin de là, IL EN DIFFÉRERA D'AUTANT PLUS QU'IL SERA MOINS DÉVELOPPÉ (2). »

Ces conclusions, qui sont restées parfaitement debout, sont une réponse catégorique aux vues de Vogt, qui ne voit dans

---

» solches im Gesichte noch mit voller Energie fortschreitet, beinahe vollendet.
» Mit zunehmendem Alter tritt der thierische Ausdruck immer klarer hervor,
» da die Gehirnkapsel verhältnissmässig immer kleiner, das Gesicht immer
» grösser wird. » Aeby, op. cit., p. 83.

(1) Gratiolet, *Revue des cours scientifiques*, t. I, p. 191.

(2) Gratiolet, citation de Du Chaillu, op. cit., p. 425. — Cf. De Quatrefages, *Histoire de l'homme*, III, p. 37-38.

les caractères exceptionnels du cerveau des microcéphales, qu'un phénomène d'atavisme rappelant nos progéniteurs simiens.

Il est inutile, sans doute, de faire ressortir l'importance capitale de faits de ce genre. Si, en effet, l'homme descend du type des singes catarrhins, comment s'expliquer qu'en des points aussi importants il présente un développement *absolument inverse* de celui qu'on observe chez ces derniers? Croirait-on que Darwin, dans les deux volumes de son *Origine de l'homme*, n'ait pas trouvé place pour mentionner ces difficultés, bien loin d'essayer de les résoudre? Ce n'est pas qu'il ne cite Prüner-Bey, De Quatrefages et Gratiolet, mais il les cite quand il croit pouvoir leur emprunter un fait plus ou moins favorable au système. Tout le reste est généralement tenu sous silence.

IX.

Les arguments présentés jusqu'à présent s'élèvent contre toute théorie qui fait descendre l'homme d'un progéniteur simien. C'est exclusivement à ce point de vue que nous les avons développés. Mais puisque le darwinisme est aujourd'hui la livrée la plus accréditée du transformisme, il est intéressant de voir si quelques-unes de ces difficultés ou d'autres encore ne s'attaquent pas directement au darwinisme dans les idées qui lui appartiennent en propre. C'est ce que nous allons examiner.

Posons d'abord sur les lois qui régissent le développement un principe fondamental du darwinisme.

Si l'on considère deux espèces animales qui dérivent d'un progéniteur commun, quelque différents que puissent être les individus arrivés à l'état adulte, ils parcourront les premières phases de leur développement d'une manière tout à fait semblable. Ces phases primitives similaires constituent leur fond d'héritage légué par le progéniteur commun. Les différences, au contraire, résultent des modifications acquises après la divergence de la souche commune.

Ce principe posé, faisons-en l'application au cerveau.

Nous noterons d'abord, en passant, la réponse qu'oppose Darwin à un fait énoncé par Bischoff.

Celui-ci, dans ses études comparées sur le cerveau de l'homme et des singes, a constaté qu'*à aucune époque du développement*, le cerveau de l'orang ne concorde parfaitement avec celui de l'homme (1).

Or, que nous dit à ce sujet Darwin? Cette parfaite concordance du cerveau chez l'orang et chez l'homme, nous dit-il, n'était pas à attendre, *parce qu'autrement leurs facultés mentales eussent été les mêmes* (2).

Mais en rapprochant cette réponse du principe posé plus haut, il est facile de voir qu'elle est sans valeur au point de vue darwiniste. Le cerveau du singe et celui de l'homme pourraient se ressembler PARFAITEMENT durant la série des premières phases du développement, sans que l'homme et le singe eussent pour cela les mêmes facultés mentales. Pour rendre raison de la différence de ces facultés en supposant avec Darwin qu'elles soient en rapport constant avec les caractères cérébraux, il suffit que les cerveaux aient divergé plus tard. Et d'après les vues du darwinisme, il est absolument *inconcevable* que les cerveaux de l'orang et de l'homme ne concordent pas durant les premières phases du développement.

Reprenons cette difficulté en nous basant sur les recherches de Gratiolet, qui l'a mieux précisée encore.

Celui-ci, ainsi que nous l'avons dit plus haut, a démontré que le développement des circonvolutions cérébrales est absolument inverse chez l'homme et le singe; elles s'achèvent chez le premier au point par lequel elles commencent chez le dernier, en parcourant de part et d'autre la série à rebours.

Ce fait constaté, nous disons, en nous plaçant sur le terrain de l'école darwiniste :

Si l'homme descend, comme le gorille ou le chimpanzé, de la souche du groupe catarrhin, ces singes et l'homme, par les points que leurs cerveaux présentent d'abord en commun, rappelleront, dans les premières phases du développement,

(1) Cf. Th.-L. Bischoff, *Die Grosshirnwindungen des Menschen mit Berücksichtigung ihrer Entwinklung bei dem Fötus und ihrer Anordnung bei den Affen*, p. 96. München, 1868.

(2) « Nor could this be expected, *for otherwise their mental powers would have been the same.* » *The descent, etc.*, vol, I, p. 11.

la structure du cerveau chez le singe qui est la souche de tout le groupe; et par les points de dissemblance, les modifications acquises depuis la divergence du tronc primitif. Or, comme dès la première apparition des circonvolutions, le cerveau de l'homme et celui des singes sont *parfaitement dissemblables*, il s'en suit, d'après le darwinisme, que *toutes les circonvolutions quelconques* manquaient dans le cerveau de la souche commune de l'homme et des singes actuels. Cette souche, Darwin nous l'a dit, étant nécessairement elle-même un *vrai singe*, il faudrait donc admettre dans des temps reculés l'existence d'un singe qui avait le cerveau parfaitement *lisse*. Or, comme cette circonstance caractérise le type des mammifères les plus inférieurs, une telle conséquence est tout-à-fait inadmissible. Un vrai singe à cerveau *tout-à-fait lisse* est un contre-sens en histoire naturelle.

X.

Passons à un autre ordre de difficultés.

Dans le système de Darwin, la sélection naturelle conserve les modifications *accidentelles* qui assurent *hic et nunc* un avantage déterminé dans la lutte pour l'existence. Dès le moment où une modification est, nous ne disons pas nuisible, mais simplement sans utilité spéciale dans le combat pour la vie, la sélection naturelle, qui n'agit que par la *survivance du plus apte*, est sans action possible. De plus, la sélection naturelle ne conserve les modifications utiles que *dans la mesure nécessaire pour assurer actuellement le succès dans la concurrence vitale;* elle ne peut rien pour perfectionner l'être en vue de l'avenir.

Or, si l'homme est descendu de la brute, toutes les modifications qu'il a subies dans son organisation sont-elles de nature à lui assurer, dans la lutte pour l'existence, de plus grandes chances de survivance?

Telle est la question. Si, *ne fût-ce qu'en un seul cas*, l'organisation humaine a divergé de celle de la brute dans un sens inutile ou nuisible au point de vue de la conservation de l'individu ou de la communauté, il s'en suit nécessairement que l'homme doit son origine à une autre cause que la sélection naturelle.

Eh bien, il est possible de démontrer qu'il en est ainsi. Voici d'abord à ce sujet une objection d'ensemble posée, entre autres, par le duc d'Argyll.

Après avoir argumenté, contre le darwinisme, de la distance considérable qui sépare l'homme de la bête, le savant anglais continue ainsi :

« Cette difficulté grandit encore si, pour un moment, nous considérons la direction suivant laquelle l'organisation humaine diverge de la structure des brutes. Elle diverge dans la direction d'un plus grand dénûment et d'une plus grande faiblesse sous le rapport physique; c'est-à-dire que cette divergence se distingue entre toutes par la parfaite impossibilité de l'attribuer à la pure action de la *sélection naturelle*. L'état du corps humain nu et sans protection, la lenteur relative de sa marche, l'absence de dents adaptées pour la préhension ou pour la défense, la même insuffisance d'aptitude à ces sortes d'usage dans les mains et les doigts, le sens de l'odorat émoussé au point de le rendre inutile dans la recherche d'une proie cachée : voilà tous traits qui sont en relation stricte et harmonieuse avec les facultés mentales de l'homme, mais, à part celles-ci, ils le placeraient dans une situation immensément désavantageuse dans la lutte pour l'existence. Ce n'est donc pas la direction suivant laquelle les forces aveugles de la sélection naturelle pourraient jamais agir (1). »

. Généralement la difficulté que présente ici le duc d'Argyll

---

(1) « This difficulty is still further increased if we advert for a moment
» to the direction in which the human frame diverges from the structure
» of the brutes. It diverges in the direction of greater physical helplessness
» and weakness. That is to say, it is a divergence which of all others it is
» most impossible to ascribe to mere *natural selection*. The unclothed and
» unprotected condition of the human body, its comparative slowness of foot,
» the absence of teeth adapted for prehension or for defence, the same want
» of power for similar purposes in the hands and fingers, the bluntness of
» the sense of smell, such as to render it useless for the detection of prey
» which is concealed, all these are features which stand in strict and har-
» monious relation to the mental powers of man. But, apart from these,
» they would place him at an immense disadvantage in the struggle for
» existence. This therefore is not the direction in which the blind forces
» of natural selection could ever work. » Duke of Argyll, *Primeval man;*
p. 65-67. 2nd ed., London, 1869.

n'est pas même indiquée par les darwinistes, mais Darwin a essayé de la résoudre, et pour que le lecteur puisse juger de la valeur de la réponse, nous allons la donner intégralement.

Après avoir rapporté sommairement l'objection du duc d'Argyll, et affecté de la compléter en disant qu'on aurait pu y ajouter *la perte pour l'homme de la faculté de grimper rapidement aux arbres*, ce qui, en fait, est également indiqué un peu plus loin (1) par le duc lui-même, Darwin résout ainsi la difficulté :

« Puisque nous voyons les Fuégiens sans vêtements supporter l'existence sous leur climat inhospitalier, la perte du poil n'aurait pas été un grand dommage pour l'homme primitif s'il habitait un pays chaud. Lorsque nous comparons l'homme sans défense avec les singes dont plusieurs sont pourvus de formidables dents canines, nous devons nous souvenir que dans leur état de plein développement ces dents ne sont possédées que par les mâles qui s'en servent principalement pour combattre leurs rivaux ; et pourtant les femelles, qui n'en sont pas pourvues, sont aptes à survivre.

» En ce qui regarde la grandeur ou la vigueur corporelle, nous ne savons pas si l'homme est descendu de quelque espèce relativement petite, telle que le chimpanzé, ou d'une espèce aussi puissante que le gorille ; et par conséquent nous ne pouvons dire si l'homme est devenu plus grand et plus puissant, ou plus petit et plus faible comparativement à ses progéniteurs. Nous devrions pourtant comprendre qu'un animal de grande taille, vigoureux et féroce, et qui, comme le gorille, pouvait se défendre contre tous ses ennemis, ne serait probablement pas devenu social, quoique pourtant cette conséquence ne soit pas nécessaire ; et cela aurait très sérieusement fait obstacle chez l'homme à l'acquisition de ses qualités mentales supérieures, telles que la sympathie et l'amour de ses semblables. Il pourrait donc avoir été d'un immense avantage pour l'homme d'être issu de quelque créature relativement faible.

» Le peu de vigueur corporelle de l'homme, sa faiblesse

(1, Ibid., p. 68. — Cf. Rev. A. Weld, *The philosopher among the apes,* in *The Month*, july-august, 1871. p. 85-86. London.

relative, son dénûment d'armes naturelles, etc. sont plus que compensés, *premièrement* par ses facultés intellectuelles au moyen desquelles il s'est fabriqué, pendant qu'il était encore à l'état barbare, des armes, des outils, etc., et *secondement* par ses qualités sociales qui le portent à aider ses semblables et réciproquement à en recevoir assistance. Pas de pays au monde qui soit rempli à un plus haut degré d'animaux dangereux que l'Afrique du sud; pas de pays qui présente des difficultés physiques plus affreuses que les régions arctiques; et pourtant une des races les plus chétives, à savoir les Boschimans, se maintient dans l'Afrique du sud, comme les Esquimaux nains dans les régions arctiques. Les progéniteurs anciens de l'homme étaient, sans nul doute, inférieurs en intelligence et probablement en disposition sociale aux sauvages actuels les plus dégradés; mais il est tout-à-fait concevable qu'ils pourraient avoir existé ou même fleuri, si, tandis qu'ils perdaient un peu à la fois leurs aptitudes brutales, telles que la faculté de grimper aux arbres, etc., ils avaient en même temps progressé en intelligence. Mais admettons que les progéniteurs de l'homme se trouvaient beaucoup plus dénués et faibles qu'aucune race sauvage actuelle; s'ils avaient habité quelque continent ou grande île chaude, telle que l'Australie ou la Nouvelle-Guinée ou Bornéo (cette dernière île étant maintenant occupée par l'orang), ils n'auraient été exposés à aucun danger particulier. Sur un espace aussi large que l'une de ces îles, la compétition de tribu à tribu aurait été suffisante, dans des conditions favorables, pour avoir élevé l'homme, par la survivance du plus apte combinée avec les effets hérités de l'habitude, à sa haute position présente dans l'échelle organique (1).»

(1) Seeing that the unclothed Fuegians can exist under their wretched
« climate, the loss of hair, would not have been a great injury to primeval
« man, if he inhabited a warm country. When we compare defenceless man
« with the apes, many of which are provided with formidable canine teeth,
« we must remember that these in their fully developed condition are pos-
« sessed by the malas alone, being chiefly used by them for fighting with
« their rivals; yet the females which are not thus provided, are able to survive.
« In regard to bodily size or strenght, we do not know whether man is
« descended from some comparatively small species, like the chimpanzée,

Voilà donc la réponse de Darwin. Maintenant pouvons-nous dire que la difficulté est résolue?

Pour en juger, rappelons quel est le but de l'objection du duc d'Argyll : *Établir que les môdifications indiquées ne peuvent être le produit de la sélection naturelle, puisqu'elle ne peut conserver que les modifications utiles pour assurer le succès dans la lutte pour l'existence, tandis que celles-là écartent plutôt du but.*

Çela posé, nous admettons sans difficulté qu'en se plaçant au point de vue darwiniste, il pourrait être d'un grand avantage pour l'homme de n'être pas issu d'un singe fort et

» or from one as powerful as the gorilla, and, therefore, we cannot say,
» whether man has become larger and stronger, or smaller and weaker,
» in comparison with his progenitors. We should, however, bear in mind that
» an animal possessing great size, strenght and ferocity, and which, like
» the gorilla, could defend itself from all enemies, would probably, though
» not necessarily, have failed to become social ; and this would most effec-
» tually have checked the acquirement by man of his higher mental qualities,
» such as sympathy and the love of his fellow-creatures. Hence it might
» have been an immense advantage to man to have sprung from some com-
» paratively weak creature.

« The slight corporeal strenght of man, his little speed, his want of natural
» weapons, etc., are more than counterbalanced, *firstly* by his intellectual
» powers, through which he has, whilst still remaining in a barbarous state,
» formed for himself weapons. tools, etc., and *secondly* by his social qualities
» which lead him to give aid to his fellow-men ant to receive it in return.
» No country in the world abounds in a greater degree with dangerous beasts
» than southern Africa ; no country presents more fearful physical hardships
» than the arctic regions ; yet one of the puniest races, namely, the Bushmen,
« maintain themselves in southern Africa, as do the dwarfed Esquimaux in
» the arctic regions. The early progenitors of man were, no doubt, inferior
» in intellect, and probably in social disposition, to the lowest existing
« savages ; but it is quite conceivable that they might have existed, or even
» flourished, if, whilst they gradually lost their brute-like powers such as
» climbing trees, etc., they at the same time advanced in intellect. But gran-
» ting that the progenitors of man were far more helpless and defenceless
» than any existing savages, if they had inhabited some warm continent or
» large island, such as Australia or New-Guinea, or Borneo (the latter island
» being now tenanted by the orang), they would not have been exposed to
» any special danger. In an area as large as one of these islands, the compe-
» tition between tribe and tribe would have been sufficient, under favourable
» conditions, to have raised man, through the survival of the fittest, combined
» with inherited effects of habit, to his present high position in the organic
» scale. *The descent*, etc., v. I, p. 156-157.

féroce comme le gorille. Mais il ne s'agit pas de cela dans l'objection. Comparant l'homme avec tous les quadrumanes, sans en excepter le chimpanzé, on demande comment il a pu, *par la sélection naturelle*, se modifier dans son organisation de manière à diverger de ses progéniteurs dans le sens d'une plus grande faiblesse. Si Darwin nous dit que les progéniteurs de l'homme étaient peut-être déjà dans ce cas, il ne résout pas la difficulté, mais il la recule simplement. Il ne s'agit pas non plus d'expliquer pourquoi l'homme n'est pas de plus grande taille, mais de nous dire pourquoi, *eu égard à sa taille*, l'espèce humaine est *physiquement* si faible pour se défendre et pour pourvoir aux nécessités de la vie.

Eh bien! la difficulté ainsi précisée, voici simplement ce que Darwin nous dit pour la résoudre :

1° En ce qui regarde la nudité du corps humain, l'inconvénient n'est pas grand si l'on tient compte de ce qui se passe chez les Fuégiens (1).

2° Quant aux armes naturelles, les femelles des singes, quoique n'en étant pas puissamment pourvues, sont cependant aptes à survivre.

3° Ces divers inconvénients sont plus que *compensés* par les facultés intellectuelles et les qualités sociales de l'homme.

4° Les races les plus chétives parviennent à vivre dans l'Afrique du sud et dans les régions arctiques, malgré toutes les difficultés qu'y rencontre l'existence.

5° Enfin si l'on suppose l'homme apparu d'abord dans une grande île ou un continent chaud, il n'y aurait pas rencontré de danger spécial.

Eh bien! tout cela, il faut le dire catégoriquement, n'avance pas d'une ligne la solution de la difficulté. Il ne s'agit pas, en effet, de faire voir que la divergence indiquée n'a pas un grand inconvénient, *ni même de montrer qu'elle n'a aucun inconvénient*, mais il faudrait établir que la faiblesse et le dénûment relatifs de l'homme lui sont un *avantage réel* pour l'aider à surmonter les difficultés de la vie. Il n'y a aucune comparaison sous ce rapport entre l'homme

____

(1) Sur ce point particulier, Darwin essaie ailleurs une autre explication que nous examinerons tout à l'heure.

et les femelles des singes, qui d'ailleurs sont défendues par les mâles. Sans doute le duc d'Argyll dit lui-même que tout cela est parfaitement *compensé* par nos facultés intellectuelles, mais comment la sélection naturelle a-t-elle travaillé au *détriment* de l'homme de manière à nécessiter des *compensations?* Que les Esquimaux et les Boschimans vivent, c'est ce que tout le monde sait; mais s'ils étaient plus forts et mieux armés par la nature, ne vivraient-ils pas plus facilement? Il y a partout des dangers et des difficultés, fût-ce même dans un continent chaud, et la faiblesse n'y est pas plus qu'ailleurs un avantage.

En somme, cette réponse de Darwin est encore nulle; elle n'est qu'un hors d'œuvre à côté de la question.

XI.

Mais les objections les plus sensibles au darwinisme en ce qui regarde l'origine de l'homme, sont celles qui lui sont venues de Wallace, le co-fondateur de la théorie.

Ce savant a essayé de démontrer que la seule action de la sélection naturelle est absolument impuissante à rendre raison de l'apparition de l'homme par la transformation de la brute.

Nous ne nous arrêterons pas à examiner tous les arguments de Wallace. Relativement à la structure corporelle de l'homme, nous nous contenterons d'en exposer un qui nous paraît catégorique. C'est celui qui est tiré de la nudité de la peau, argument indiqué déjà par le duc d'Argyll, mais qui est longuement développé par Wallace. Voici donc comment raisonne l'émule de Darwin(1), en supposant que l'homme soit descendu d'une forme animale inférieure, et en partant du rôle de la séleetion naturelle tel qu'il est défini dans le système.

Un des caractères externes les plus généraux des mammifères terrestres est leur couverture de poils. Là où la peau est flexible, molle et sensitive, les poils forment une protection naturelle contre les sévérités du climat et parti-

____

(1) Cf. A.-R. Wallace, *Contributions*, etc., p. 344-348.

culièrement contre la pluie. Que telle soit leur plus importante fonction, cela résulte de la manière dont ils sont disposés pour faciliter l'écoulement de la pluie. Toujours, en effet, ils sont dirigés-de haut en bas à partir des parties les plus élevées du corps. Aussi le poil est-il toujours plus rare à la partie inférieure, et souvent même le ventre est presque nu. Chez les mammifères marcheurs ordinaires, le poil des membres est dirigé de haut en bas depuis l'épaule jusqu'aux orteils. Mais chez l'orang-outan il se dirige d'abord de l'épaule jusqu'au coude, et puis, en sens inverse, remonte encore du poignet jusqu'au coude. Cette disposition correspond aux habitudes de l'animal. Car lorsque l'orang se repose, il tient les bras élevés au-dessus de la tête, ou bien accrochés à une branche supérieure, en sorte que la pluie coule le long du bras et de l'avant-bras pour s'égoutter au coude. Dans le même but le poil est toujours, chez les animaux, *plus long et plus épais à l'épine dorsale ou au milieu du dos*, et souvent même on y voit une crête de poils ou de soies. C'est là un caractère qui se retrouve dans toute la série des mammifères depuis les marsupiaux jusqu'aux quadrumanes. Or, par suite d'une si longue persistance, ce caractère doit avoir acquis une tendance tellement énergique à se transmettre par voie d'hérédité, que nous devrions nous attendre à le voir reparaître continuellement; et nous devons tenir pour certain que jamais il n'aurait pu disparaître complétement par la sélection naturelle à moins qu'il n'eût été positivement nuisible au point d'entraîner presque inévitablement la mort.

Et pourtant chez l'homme, selon la remarque de Wallace, cette couverture de poils a presque totalement disparu, et, ce qui est très remarquable, *elle a disparu d'une manière plus complète au dos qu'ailleurs*. Les races barbues ou imberbes ont également le dos uni, et même lorsqu'une quantité considérable de poils se montrent aux membres ou à la poitrine, le dos et particulièrement l'épine dorsale en restent absolument dépouillés. Tout est donc ici à rebours de ce que l'on observe chez tous les autres mammifères.

Nous devons donc nous demander, continue Wallace, si une couverture velue au dos pourrait avoir été nuisible à quelque degré pour le sauvage, ou pour l'homme à une époque quelconque de son évolution d'une forme animale inférieure; et dans le cas où elle aurait été simplement inutile, si elle n'aurait pas dû reparaître continuellement dans les races mêlées?

Or, voici ce que nous apprend à ce sujet l'étude des sauvages. Une des habitudes les plus communes chez eux est de se servir d'une couverture pour les épaules et pour le dos, même lorsque le reste du corps est entièrement découvert. Les anciens voyageurs remarquaient avec surprise que les Tasmaniens, aussi bien les hommes que les femmes, portaient comme unique vêtement une peau de kanguroo, non par un sentiment de modestie, mais sur les épaules, afin de se tenir le dos sec et chaud. Le costume national des Maoris consiste simplement en un morceau d'étoffe déployé sur les épaules. Les Patagons ont un usage analogue. Les Fuégiens portent souvent sur le dos une petite pièce de peau. Les Hottentots portaient de la même manière une peau qu'ils n'enlevaient jamais. Même sous les tropiques, les sauvages prennent des précautions pour se conserver le dos sec. Les naturels de Timor se font artistement avec la feuille du palmier une espèce de manteau qui les protége admirablement contre la pluie. Les races malaises et les Indiens de l'Amérique du sud se font de larges chapeaux dans le même but.

Rien n'autorise donc à penser qu'une couverture velue ait jamais été nuisible à l'homme, puisque les sauvages sont obligés de recourir à divers expédients pour la remplacer. Et cette couverture fût-elle devenue simplement inutile, il serait impossible d'admettre qu'elle eût disparu complétement par une cause aussi minime.

Par conséquent, les faits conduisent à la conclusion que Wallace formule ainsi :

« Il me semble donc ABSOLUMENT CERTAIN que la sélection naturelle ne pourrait avoir produit la nudité du corps humain par l'accumulation de variations à partir d'un ancêtre velu. Tous les faits conspirent à montrer que de telles variations ne pourraient avoir été utiles, mais doivent, au contraire, avoir été jusqu'à un certain point nuisibles. Si même, par suite d'une corrélation inconnue avec d'autres qualités nuisibles, la couverture de poils avait disparu chez les descendants de l'homme tropical, nous ne pouvons concevoir comment, à mesure que l'homme se répandait en des climats plus froids, il ne serait pas retourné sous l'influence puissante de la réversion au type ancestral si longtemps persistant. Mais il n'est pas sérieusement possible d'émettre une supposition de cette sorte: Car nous ne pouvons supposer qu'un caractère qui, comme le tégument velu, existe dans toute la série des mammifères, peut être devenu, chez une forme animale seulement, lié à une particularité nuisible avec assez de constance pour conduire à sa suppression permanente, suppression si complète et si efficace, qu'il ne reparaît jamais ou presque jamais dans les métis des races humaines les plus différentes (1). »

Darwin se garde bien d'exposer cette importante objection. Il se contente de dire que les vues de Wallace sur les limites de la sélection ont été habilement critiquées par Clapàrède (2).

Seulement, cette fois vaincu par l'évidence, il avoue que la nudité du corps humain ne peut être le produit de la sélection naturelle (3), mais il tâche de répondre indirectement à l'argumentation de Wallace, qu'il tient d'ailleurs sous silence, en faisant appel à la *sélection sexuelle*, ce *deus ex machinâ* qu'évoque Darwin dans tous les cas difficiles qui se rapportent aux caractères extérieurs.

---

(1) « It seems to me, then, to be absolutely certain, that *natural selection* » could not have produced man's hairless body by the accumulation of varia- » tions from a hairy ancestor. The evidence all goes to show that such varia- » tions could not have been useful, but must, on the contrary, have been » to some extent hurtful. If even, owing to an unknown correlation with » other hurtful qualities, it had been abolished in the ancestral tropical man, » we cannot conceive that, as man spread into colder climates, it should not » have returned under the powerful influence of reversion to such a long » persistent ancestral type. But the very foundation of such a supposition » as this is untenable; for we cannot suppose that a character which, like » hairiness, exists throughout the whole of the mammalia, can have become, » in one form only, so constantly correlated with an injurious character, as » to lead to its permanent suppression, a suppression so complete and effectual » that it never, or scarcely ever, reappears in mongrels of the most widely » different races of man. » Opere cit., p. 348.

(2) Darwin, *The descent*, etc., v. I, p. 137.

(3) Ibid, II, p. 375-376.

« Je suis porté à penser, nous dit-il, comme nous le verrons en traitant de la sélection sexuelle, que l'homme, ou plutôt la femme primitivement a cessé d'être velue dans un but d'ornementation ; et à ce point de vue, il n'est pas étonnant que l'homme diffère si considérablement par la quantité de poils de tous ses frères inférieurs (les singes), parce que les caractères acquis au moyen de la sélection sexuelle diffèrent souvent à un degré extraordinaire chez des formes étroitement alliées (1). »

On le voit, aux arguments serrés de Wallace, Darwin répond par des considérations *subjectives*. Il cite particulièrement à l'appui les caractères que la sélection sexuelle aurait fait acquérir au *mandrill* et au *rhesus* (2). Mais c'est tout simplement, comme preuve d'une hypothèse, en invoquer une seconde non moins gratuite, ce qui est d'ailleurs une manière ordinaire dans le système. C'est ainsi que dans le passage que nous venons de rapporter, Darwin, pour expliquer les différences que présentent l'homme et les singes, se contente de dire, comme s'il s'agissait d'une vérité établie, que les caractères acquis au moyen de la sélection sexuelle diffèrent souvent à un degré extraordinaire chez des formes étroitement alliées. Et pourtant, malgré les développements considérables dans lesquels Darwin est entré à ce sujet, on peut dire qu'il reste encore à démontrer, ne fût-ce qu'en un seul cas, l'acquisition de caractères spécifiques particuliers au moyen de ce que le naturaliste anglais appelle la sélection sexuelle (3).

Au reste, Darwin ne peut s'empêcher de reconnaître que ses vues sur le rôle de la sélection sexuelle dans l'évolution de l'homme manquent de précision scientifique.

« Les vues exposées ici, nous dit-il, sur le rôle que la sélection sexuelle a joué dans l'histoire de l'homme, man-

---

(1) « I am inclined to believe, as we shall see under sexual selection, that
» man, or rather primarily woman, became divested of hair for ornamental
» purposes ; and according to this belief, it is not surprising that man should
» differ so greatly in hairiness from all his lower brethren, for characters
» gained through selection often differ in closely-related forms to an extraor-
» dinary degree. » Ibid., I, p. 149-150. — Cf. II, p. 375-381.

(2) Ibid., v. II, p. 376.

(3) Cf. *The quaterley Review*, no 261, july 1871, p. 53-62. London.

quent de précision scientifique. Celui qui n'admet pas ce mode d'action en ce qui regarde les animaux inférieurs, méprisera avec raison tout ce que j'ai écrit sur l'homme dans les derniers chapitres (1). »

C'est parler d'or. Mais tout ce que Darwin nous dit de la sélection sexuelle chez les animaux a-t-il plus de précision scientifique? Lorsque ce savant nous raconte longuement que le paon mâle, issu dans la nuit des temps de progéniteurs où le mâle et la femelle étaient également sans ornements, a acquis lentement les couleurs splendides artistement combinées de ses tectrices caudales, parce que c'étatt un moyen de plaire de plus en plus à la femelle, il n'y a là que des assertions arbitraires. Pourquoi la sélection sexuelle n'a-t-elle pas orné de la même manière le paon femelle, pour qu'il plût davantage au mâle? Sans doute le développement des tectrices caudales aurait pu être de quelque inconvénient pour la paonne lorsqu'elle couve, ou accompagne son petit (2). Mais Darwin prouve lui-même que rien n'empêchait pourtant la paonne d'avoir la queue plus longue, et, en dernière analyse, ce naturaliste pense que ce caractère, dès le moment où il a commencé à apparaître, ne s'est transmis qu'au paon mâle à l'exclusion de la femelle (3), ce qui, au lieu d'une explication, n'est que la constatation pure et simple du fait.

Tout cela n'est donc pas sérieux. A part des faits connus de tous, il n'y a dans ces considérations sans fin sur la sélection sexuelle, qu'un enchevêtrement d'hypothèses qui s'enlacent les unes dans les autres et sont aussi gratuites les unes que les autres. Si Darwin avait commencé par l'homme l'étude de la sélection sexuelle, il aurait tout aussi bien pu, après en avoir fait l'application aux animaux, nous dire : « Les vues exposées ici sur le rôle que la sélection sexuelle a joué dans l'histoire des animaux inférieurs, manquent de précision scientifique. Celui qui n'admet pas ce mode d'ac-

(1) « The views here advanced, on the part which sexual selection has » played in the history of man, want scientific precision. He who does not » admit this agency in the case of the lower animals, will properly disregard » all that I have written in the later chapters on man. » Ibid., II, p. 383-384.

(2) Ibid., II, p. 154, 164.

(3) Ibid., II, p. 166.

tion en ce qui regarde l'homme, méprisera avec raison tout ce que j'ai écrit sur les animaux inférieurs dans les derniers chapitres. »

Mais admettons, pour un moment, d'une manière générale, les idées de Darwin sur la sélection sexuelle : l'application qu'il en fait pour expliquer la nudité du corps humain, n'en sera pas moins, on peut facilement le prouver, , absolument inadmissible.

Si, en effet, ce caractère a été acquis comme ornement par l'espèce humaine, si c'est uniquement un moyen de plaire, comment se fait-il que c'est par derrière, sur le dos, que la particularité s'est le plus prononcée, c'est-à-dire précisément en une partie du corps invisible lorsque deux personnes se regardent et se parlent. Comment surtout ce caractère s'est-il développé là où il était tout à la fois *le moins utile* au point de vue de la sélection sexuelle, et *le plus difficile* à produire au point de vue de la sélection naturelle ? Comment se fait-il que la poitrine de l'homme, c'est à-dire une partie du corps tout-à-fait en évidence, soit généralement restée plus ou moins velue, tandis que le dos est devenu parfaitement uni, surtout si l'on considère que chez les singes, *nos frères inférieurs*, comme les appelle Darwin, non-seulement chez les femelles (1), mais encore chez les mâles (2), la poitrine est souvent moins velue ?

En somme donc l'explication de Darwin n'est pas acceptable, et l'argumentation de Wallace n'est pas le moins du monde ébranlée.

Quoiqu'en dise Darwin, Claparède n'a pas été plus heureux dans sa critique des vues de Wallace. On voit dans le travail du savant gènevois beaucoup de dépit et d'amertume à l'endroit de ce qu'il appelle la *défection complète* de Wallace (3), mais nous y cherchons en vain une réponse satisfaisante aux difficultés soulevées. Voici d'ailleurs sur le point particulier qui nous occupe, la solution de Claparède.

Pour lui, l'homme est *peut-être* apparu dans une contrée

(1) Ibid., II, p. 377.
(2) Cf. Du Chaillu, *Voyages*, etc., p. 400.
(3) Cf. Claparède, *Revue des cours scient.*, t. VIII, p. 570. — *Bibliothèque universelle de Genève*, juin 1870.

tempérée et sèche, et ce n'est qu'en se répandant plus au nord ou plus au sud, qu'il aurait senti le besoin de se protéger le dos au moyen d'une toison d'animal. Et *qui sait,* ajoute Claparède, *si le frottement continuel du vêtement dans cette région, pendant une longue série de siècles, n'a pas pu finir par amener une rareté relative des poils sur le dos humain* (1)?

Qui sait? Voilà une étrange manière d'établir une thèse. Mais laissons ce détail. Admettons, si cela est nécessaire au système, que l'homme est apparu d'abord dans une contrée *tempérée* et sèche. Cela est contraire aux vues les plus généralement reçues parmi les darwinistes; mais, en fait, l'hypothèse de Claparède, envisagée à un point de vue purement scientifique, n'est pas plus gratuite que toutes les autres. Seulement nous lui demanderons d'indiquer sur la carte du globe un point quelconque où il n'y ait aucune intempérie contre laquelle il soit utile de se prémunir.

Mais supposons encore que ce point soit trouvé. Alors nous raisonnerons ainsi :

Ou bien l'homme primitif était velu : dans ce cas, même en émigrant, il n'avait pas besoin d'une toison d'animal pour se protéger, et par conséquent la nudité du dos n'a pu être produite par frottement. Eût-il d'ailleurs fait un usage plus ou moins rare d'un manteau jeté sur les épaules, on ne pourrait avec la moindre vraisemblance attribuer à une cause aussi minime la nudité complète et absolue du dos.

Ou bien l'homme primitif était nu : nous retombons alors dans toutes les difficultés présentées par Wallace. Or, à ces difficultés dans la soi-disant réponse de Claparède, il n'y a pas un seul mot qui aille au cœur de la question, et Darwin lui-même, malgré toute sa bienveillance pour ses admirateurs, ne fait pas à l'hypothèse du naturaliste de Genève l'honneur de la reproduire.

La discussion complète du seul fait de la nudité du corps humain suffirait donc à prouver que le darwinisme est impuissant à rendre acceptable l'évolution de l'homme par la transformation d'un mammifère inférieur.

______

(1) Ibidem.

XII.

Mais Wallace lui-même est darwiniste, et par conséquent ne l'entend pas ainsi. Comment donc expliquer la dérivation de l'homme d'une forme inférieure, puisque le savant anglais ne veut pas de l'intervention de la *Cause première* dans la formation de notre espèce?

Nous l'avons déjà dit, voici la supposition de Wallace.

De même que l'intelligence de l'homme, appliquée à la culture des plantes et à l'élevage des animaux, réussit à créer de nouvelles races végétales et animales, de même aussi des êtres intelligents supérieurs à l'homme auraient dirigé le jeu des causes naturelles de manière à produire en lui ce que l'action *aveugle* de la sélection naturelle n'aurait pu produire.

Sans doute, nous dit-il, «les anges et les archanges, les esprits et les démons ont été depuis si longtemps bannis de notre pensée qu'ils sont maintenant devenus inconcevables comme des existences actuelles, et rien dans la philosophie moderne ne prend leur place (1).» Cependant la *loi de continuité* qui est le dernier résultat de la science moderne exige, d'après Wallace, qu'il y ait des intermédiaires entre l'homme et Dieu. Or, l'existence de ces intermédiaires étant admise, leur intervention pour diriger l'évolution de l'homme est, selon lui, susceptible de preuve scientifique. Car «elle s'appuie sur des faits et des arguments de nature exactement semblable à ceux qui rendraient une intelligence suffisamment pénétrante capable de déduire, de l'existence sur la terre des plantes *cultivées* et des animaux *domestiques*, la présence de quelque être intelligent d'une nature supérieure à la leur (2).»

Mais il y a ici un peu de confusion.

---

(1) « Angels and archangels, spirits and demons, have been so long banished from our belief as to have become actually unthinkable as actual existences, and nothing in modern philosophy takes their place. » *Contributions*, p. 372.

(2) « It rests on facts and arguments of an exactly similar kind to those, which would enable a sufficiently powerful intellect to deduce, from the existence on the earth of cultivated plants and domestic animals, the presence of some intelligent being of a higher nature than themselves. » Ibid., p 372.A.

Que Wallace ne croie pas à l'intervention de la Cause première dans la production de l'homme; qu'il admette ou qu'il n'admette pas l'existence des anges et des archanges, des esprits et des démons, ce sont là des points *tout-à-fait étrangers* aux conséquences logiques de son argumentation sur les caractères de l'homme qui ne peuvent être attribués à la sélection naturelle. Toute cette argumentation ne conduit, en effet, qu'à une seule conséquence, c'est que *l'homme, considéré dans son ensemble, ne peut être expliqué sans l'intervention d'une cause intelligente supérieure.*

Or, s'il en est ainsi, puisque nous connaissons Dieu, et qu'au contraire, personne, pas même Wallace, ne connaît rien de ces êtres hypothétiques qui auraient dirigé l'élevage de nos progéniteurs velus de manière à créer la race humaine, n'est-il pas scientifiquement plus simple et plus rationnel d'admettre que *l'homme est l'œuvre immédiate de Dieu?*

En somme, avec le darwinisme, c'est le transformisme en général qui s'écroule sous l'argumentation de Wallace.

Et si maintenant nous rapprochons ce résultat de tous les autres précédemment déduits, nous pouvons conclure, pensons-nous, que, même à n'envisager que la structure corporelle de l'homme, il est absolument impossible de le rattacher par voie de filiation aux formes animales inférieures.

XIII.

S'il en est ainsi, il est inutile, sans doute, que nous nous arrêtions encore à discuter longuement les arguments à l'aide desquels Darwin croit pouvoir rétablir le signalement particulier de notre progéniteur simien. Nous ne nous arrêterons pas davantage à montrer, contre Darwin et Häckel, que l'espèce humaine peut très bien être descendue d'*un seul couple primitif* : les assertions opposées de ces écrivains ne sont qu'une déduction *théorique* du système, et, par conséquent, tombent avec celui-ci.

Cependant, puisque nous avons rapporté, à titre de spécimen, comment Darwin est arrivé à constater que notre progéniteur avait les oreilles *pointues*, ajoutons, au moins ici, un mot à ce sujet avant de quitter le terrain purement anatomique.

Voici, le lecteur se le rappelle, tout le fondement de la découverte. On a remarqué que *parfois* chez l'homme le bord du pavillon de l'oreille replié à l'intérieur se projette en une petite pointe mousse. Chez quelques singes l'oreille est pointue; seulement le pavillon n'est en aucune façon replié, mais *s'il l'était*, il devrait également se projeter en pointe. Or, de ces faits, *mis purement et simplement en regard*, Darwin se croit autorisé à conclure que la particularité indiquée chez l'homme n'est qu'un caractère simien qui réapparaît accidentellement.

Et qu'on veuille bien remarquer qu'il ne s'agit pas là d'une conjecture plus ou moins probable; non, d'après Darwin, c'est là une conclusion *certaine : We may* SAFELY *conclude* (1).

Quelque riche que soit en ce genre le darwinisme, nous pensons qu'il serait difficile de trouver un exemple qui mette mieux en évidence la frivolité des méthodes que le système tend à introduire dans la science. Puisque l'homme par toute son organisation est parfaitement un animal, comment pourrait-il ne pas offrir une foule de caractères communs aux autres animaux? En quoi cela prouve-t-il une souche généalogique commune? Et ici, pour tirer de telles conséquences, on n'invoque pas même un caractère constant, mais un caractère *accidentel* et qui ne conduit même à la similitude entre les êtres comparés que d'une manière *conditionnelle*. Cela n'est pas sérieux.

Il eût été intéressant de voir Darwin poser en forme son argument. Pour toute réfutation, nous allons le faire à sa place.

Chez l'homme, PARFOIS *le bord du pavillon de l'oreille replié à l'intérieur se projette en pointe, et chez certains singes à oreilles pointues,* SI *le bord du pavillon était replié à l'intérieur, il se projetterait aussi nécessairement en pointe;*

Or, ce degré de ressemblance implique certainement que les uns et les autres l'ont hérité d'un progéniteur simien à oreilles pointues;

Donc l'homme descend certainement d'un singe qui avait l'oreille pointue.

Darwin n'a oublié qu'une chose, c'est de donner *un mot*

____

(1) Cf. Darwin, *The descent of man*, v. I, p. 23.

de preuve à l'appui de la *mineure* de l'argument. Et voilà pourtant comment le darwinisme sait arriver à des conclusions certaines.

Au resté, il nous suffit d'avoir constaté que la structure anatomique de l'homme rend inadmissible sa dérivation d'une forme simienne. Et, supposé que nous eussions eu un progéniteur simien, nous accorderons à Darwin, si l'on veut, que ce progéniteur pourrait avoir eu tous les caractères particuliers que lui prête le naturaliste anglais. Quelque peu sérieuses que soient toutes ces sortes de conclusions, elles ont un intérêt trop secondaire, eu égard à notre thèse principale, pour que nous nous y arrêtions davantage.

DE L'HOMME COMPARÉ AUX ANIMAUX DANS SES FACULTÉS MENTALES.

I.

Jusqu'ici nous n'avons envisagé dans l'homme que sa structure corporelle. Mais c'est là, sans contredit, traiter la question par le petit bout. Si tout, en effet, dans la noblesse et la perfection des formes du corps humain, annonce immédiatement le roi de la création; si l'admirable adaptation des organes aux fins d'intelligence signale l'homme comme *un être à part* (1) et *transfigure* en lui l'animal (2); si enfin l'étude approfondie de l'organisation fait reconnaître dans l'humanité *une île isolée qui n'est reliée par aucun pont à la terre voisine des mammifères* (3), il n'en est pas moins vrai que c'est essentiellement dans les manifestations de l'intelligence et de la raison que se reconnaît l'homme. C'est là surtout ce qui creuse entre lui et les animaux inférieurs un abîme que rien ne peut combler. Vouloir, à l'exemple de quelques darwinistes (4), établir des affinités généalogiques entre l'homme et les singes, en refusant de tenir compte des caractères psychologiques, c'est se placer à un point de vue arbitraire. C'est d'ailleurs une

(1) Alix. *Recherches sur la disposition des lignes papillaires de la main et du pied* (*Ann. des sc. nat., zool. et pal.* 5e s., VIII, p. 299, Paris 1867).

(2) Cf. Gratiolet, *Revue des cours scientifiques*, t. I. p. 193.

(3) Dr Car. Aeby, *Die Schädelformen*, p. 91.

(4) Filippi, *Revue des cours scientifiques*, année 1864, p. 468. Paris.

inconséquence et un aveu d'impuissance. Le darwinisme, en effet, a la prétention d'expliquer le développement *psychique* des êtres vivants de la même manière que leur évolution anatomique ; et par conséquent il est évident qu'avant d'admettre une souche commune pour deux espèces distinctes, il est nécessaire, dans le système, de voir jusqu'à quel point elles concordent à la fois dans les deux ordres de phénomènes.

On doit rendre cette justice à Darwin qu'il n'a pas reculé devant la tâche : il a essayé d'expliquer les phénomènes de la vie intellectuelle chez l'homme par la transformation lente des facultés psychiques des animaux. Mais comme la science et le talent ne peuvent rien contre la nature des choses, cet essai, loin d'établir le système, a plutôt contribué à en mettre en relief l'impuissance.

Nous essaierons de le prouver, et voici les faits sur lesquels nous nous appuierons.

1° Les facultés intellectuelles de l'homme, considérées d'une manière générale, sont d'une *nature* différente des facultés psychiques des animaux.

2° Fussent-elles de même nature, le gouffre qui les sépare et le rôle même attribué à la sélection naturelle ne permettraient pas de les faire dériver les unes des autres.

3° Les idées religieuses, notamment, et le sens moral de l'homme n'ont absolument rien qui leur corresponde chez les animaux. Toute filiation entre ces hautes facultés de l'homme et les phénomènes psychiques de la brute est impossible.

Enfin nous dirons un mot des vues proposées par quelques transformistes pour échapper, en cette matière, aux impossibilités du darwinisme. Ces vues ont trop vivement préoccupé l'attention publique, du moins en Angleterre, depuis la publication de l'*Origine de l'homme* de Darwin, pour qu'il soit permis de les passer ici complétement sous silence.

II.

Si l'homme intellectuel n'est, ainsi que l'affirme le darwinisme, que le résultat de l'évolution lente des animaux, on se trouve immédiatement en face des difficultés les plus sérieuses.

A. — Et d'abord, il faut, dans le système, admettre que les facultés psychiques de l'homme et celles des animaux sont de *même nature*, et qu'elles diffèrent seulement par le *degré* plus ou moins élevé de leur développement. Mais on peut dire, avec Saint-George Mivart, que les efforts de Darwin pour établir cette thèse restent tout-à-fait infructueux. En effet, tandis que toutes les facultés de la brute s'exercent seulement sur les objets sensibles et les sensations qu'ils produisent, de manière à en saisir des rapports plus ou moins immédiats avec son organisation, l'homme, au contraire, n'a pas seulement des sensations, mais il a des idées : il vit par la pensée dans un monde intelligible et spirituel, il exerce ses facultés sur les vérités absolues considérées en elles-mêmes. Or, il ne s'agit pas ici d'une simple question de *plus* ou de *moins*, comme le prétend Darwin, mais il s'agit d'ordres d'activité complétement distincts et d'une nature tout-à-fait différente.

Cette distinction capitale entre le monde intelligible et les phénomènes sensibles, entre les idées et les sensations, ne paraît guère saisie par les darwinistes (1).

C'est ce qui explique combien sont inopérants certains faits allégués par Darwin à l'appui de sa thèse. Ainsi, que nous importe de savoir qu'il se trouve dans les *Jardins zoologiques* de Londres un singe qui sait briser et ouvrir des noix au moyen d'une pierre ? Évidemment il ne s'agit là que de saisir l'appropriation d'un objet à la satisfaction d'appétits purement sensibles. Mais il y a loin de là à la réflexion qui sait combiner les *idées générales* avec les faits particuliers. Voilà pourquoi au lieu de perfectionner les moyens de pourvoir à ses besoins, chaque espèce animale, en somme, demeure stationnaire. Comme le dit excellemment Mgr Mei-

---

(1) Dans un travail piquant d'intérêt, le Rév. A. Weld a fait, sous ce rapport, un parallèle entre Darwin et Lord Monboddo, le célèbre inventeur des *hommes à queue*. Il y montre la grande supériorité philosophique de celui-ci sur Darwin. Malgré toutes ses excentricités, Lord Monboddo, pourtant, n'a jamais confondu les facultés de l'homme avec celles de la bête; et il est curieux de voir comment, au moyen de citations qui lui sont empruntées, Weld sait opposer aux assertions fantaisistes de Darwin des considérations remarquables par leur précision et par leur justesse. Cf. *Lord Monboddo, his ancestors and his heirs*, apud *The Month*, november 1871, p. 440-464. London.

gnan, « entre cette intelligence endormie, que rien ne peut réveiller ni exciter, et l'intelligence progressive de l'homme, il y a un abîme infranchissable (1). »

Il est vrai que Darwin ne serait pas éloigné d'accorder à l'animal la *conscience de soi-même*, ce point de départ essentiel de la vie intellectuelle. « Pouvons-nous être certains, nous dit-il, qu'un vieux chien pourvu d'une excellente mémoire et de quelque pouvoir d'imagination, comme on le voit dans ses rêves, *ne réfléchit jamais sur les plaisirs qu'il a ressentis à la chasse?* Et ce serait là une forme de la *conscience de soi-même* (2). » Certes, personne ne peut nier que l'animal ne possède la *mémoire sensible*, qui n'est au fond que l'*imagination conservatrice*. Mais la véritable conscience du *moi* n'est pas simplement une sensation : c'est *une lumière intérieure par laquelle un être se connaît lui-même avec toutes ses facultés*. Or, les rêves d'un chien ont-ils le moindre rapport avec la connaissance rationnelle de soi? C'est précisément ce qu'il faudrait prouver; or, au lieu de le prouver, Darwin, par une pétition implicite de principe, tranche tout simplement la question au moyen d'une pure supposition présentée d'une manière interrogative : *pouvons-nous être certains que le chien ne réfléchit jamais?* Mais, en fait, il n'y a rien qui autorise la supposition de Darwin, et l'imagination que tout le monde accorde aux animaux suffit parfaitement, sans la réflexion proprement dite, pour expliquer les rêves du chien.

Aussi Huxley lui-même ne paraît guère avoir été convaincu par l'argument de Darwin, car il cherche à la difficulté une autre solution, plus inattendue peut-être. Pour lui la *conscience de soi* n'est nullement nécessaire pour des opérations quelconques intellectuelles, et en particulier pour le raisonnement. Il pose en principe que tout raisonnement se résout en un jugement, et que le jugement consiste simplement à *marquer d'une manière quelconque* le rapport qui existe entre les choses ou leurs idées. Puis il

(1) Mgr Meignan. *Le monde et l'homme primitif*, p. 193. Paris, 1869.

(2) « Can we feel sure that an old dog with an excellent memory and « some power of imagination, as shewn by his dreams, *never reflects on his « past pleasures in the chase*. And this would be a form of *self-consciousness*. » *The descent*, v. I, p. 62.

continue ainsi : « Tout ce qui fait cela, raisonne; et SI UN
ENGIN MÉCANIQUE PRODUIT CES EFFETS DE RAISON, JE NE VOIS
PAS PLUS DE MOTIF POUR LUI DÉNIER LA FACULTÉ DU RAISON-
NEMENT parce qu'il n'a pas conscience de ce qu'il fait, que
je n'en vois pour refuser, en vertu des mêmes raisons, le
titre de machine *calculante* à la machine de M. Babbage(1). »

Ainsi, de conséquence en conséquence, voilà où l'on en
vient lorsque l'on veut assimiler les facultés psychiques de
l'homme et des animaux : ne plus voir de différence entre
un mathématicien raisonnant et calculant et la machine de
Babbage !

Il y a aussi une étrange confusion dans les assertions des
darwinistes, lorsqu'ils nous disent que les raisonnements
d'induction et de déduction s'opèrent d'après les mêmes lois
chez l'homme et chez les animaux. Sans doute l'animal sent
le rapport de convenance ou de disconvenance qui existe
entre les objets sensibles et ses propres sens, il éprouve des
attractions et des répulsions sensibles et agit parfaitement
en conséquence. Il y a plus : l'animal peut tout à la fois,
par rapport au même objet, subir l'influence d'attractions et
de répulsions opposées, et par suite paraître hésitant sur
l'acte à poser. Tous les exemples de jugement et de raisonnement apportés par Darwin ne sont pas autre chose, même
en admettant qu'ils soient tous authentiques, ce qui est fort
contestable (2). Or, dans ce sens, nous ne faisons aucune
difficulté de convenir que l'animal juge et raisonne.

Mais telle n'est pas la signification philosophique des
mots. En réalité le jugement ne consiste pas seulement,
comme le prétend Huxley, dans l'*indication quelconque* de
certaines relations entre le sujet et l'attribut, mais dans un
acte de l'esprit qui reconnaît ces relations comme vraies (3).
En dernière analyse donc, le jugement porte toujours essen-

(1) « Whatever does this, reasons; and IF A MACHINE PRODUCES THESE
« EFFECTS OF REASON, I SEE NO MORE GROUND FOR DENYING TO IT THE REA-
« SONING POWER, because it is unconscious, than I see for refusing to
« M. Babbage's engine the title of a *calculating* machine on the same grounds. »
Huxley, citation de St George Mivart, *Evolution and its consequences* (from
the *Contemporary Review*, january 1872), p. 29.

(2) Cf. *The quaterly Review*, july 1871, p. 71-72. London.

(3) Cf. Mivart, *Evolution and its consequences*, p. 29. London, 1872.

tiellement *sur quelque chose qui n'est pas sensible*, le raisonnement s'appuie sur une *vérité-principe* inaccessible aux sens. Or, il n'y a pas le moindre fait qui indique chez la brute l'emploi de ces facultés élevées. S'il en était autrement, en effet, comment nos animaux domestiques, réfléchissant et raisonnant sur tout ce qu'ils voient au milieu des hommes civilisés, n'auraient-ils pas atteint eux-mêmes un certain degré de *civilisation?* Il est vrai que Darwin n'hésite pas à nous parler de la CIVILISATION acquise par les chiens au contact de l'homme. Ce sont là des formules nécessitées par l'esprit de système, mais que Darwin serait bien embarrassé de nous expliquer d'une manière raisonnable. Aussi n'essaie-t-il pas de le faire.

Le langage d'Häckel est surtout curieux sur ce sujet de l'identité des lois de la pensée chez les bêtes et chez l'homme.

« Dans cette question encore, nous dit-il, nous nous heurtons de nouveau contre la plus vive opposition précisément chez ces hommes qui, par un développement plus imparfait de leur intelligence, restent même souvent en arrière des animaux supérieurs. Cela n'est pas seulement vrai des races humaines inférieures, mais encore de beaucoup d'individus des races les plus élevées, et même de personnes chez lesquelles on devrait supposer que la quantité des connaissances acquises a aiguisé la faculté de penser. Sous ce rapport, précisément, plusieurs assertions des adversaires de la théorie de descendance sont particulièrement intéressantes, car elles attestent souvent d'une manière vraiment étonnante un manque d'idées naturelles, claires et nettes, en même temps que de liaison dans la pénsée, *et elles placent ainsi positivement leurs auteurs au-dessous des chiens, des chevaux et des éléphants les plus intelligents. Car ces bêtes,* POUR LA PLUPART, *n'ont pas leur horizon borné par toutes ces hautes montagnes de dogmes et de préjugés qui, chez le plus grand nombre des hommes, vicient dès la jeunesse les lois de la pensée, en sorte que nous trouvons souvent chez elles des jugements plus justes et plus naturels qu'on n'en rencontrerait même chez les savants* (1). »

(1) « Auch in dieser Frage stossen wir wiederum auf die heftigste Opposition gerade bei denjenigen Menschen, welche durch ihre unvollkom-

Comment le professeur d'Iéna a-t-il oublié de nous donner des détails circonstanciés sur les jugements remarquables qu'il a vu ainsi porter par les bêtes, et qui lui ont fait admirer fréquemment la supériorité de leur esprit sur celui de certains savants? Alors seulement nous discuterions peut-être ces incroyables affirmations, qui nous feraient croire qu'effectivement parfois il n'y a pas grande distance entre un savant et les animaux les plus intelligents.

Mais non, pourtant ; dans cette débauche intellectuelle il y a, en dernière analyse, l'abus des facultés les plus élevées. Seulement un système n'est-il pas jugé lorsque, pour le défendre, ses partisans les plus autorisés en sont réduits à débiter de telles choses?

B. — Le langage d'Häckel nous fait d'ailleurs toucher ici à une autre difficulté, qui, nulle part ailleurs, ne se présente avec la même force inéluctable.

Admettons pour un moment que les facultés de l'animal et celles de l'homme diffèrent seulement en *quantité* et non pas en *qualité*, cela ne suffit pas encore pour rendre acceptable l'origine que nous prête le darwinisme.

Si l'homme tout entier, en effet, est descendu de la bête, entre l'état intellectuel offert à présent par l'humanité et le niveau mental qui caractérisait nos progéniteurs simïens, il a dû exister toutes les nuances de gradation possible.

Or, y a-t-il, dans la nature vivante, des animaux assez privilégiés, au point de vue intellectuel, pour nous aider à

« mennere Verstandesentwikelung oft selbst hinter den höhern Thieren
« zurückbleiben. Dies gilt nicht allein von den niedern Menschenrassen,
« sondern auch von vielen Individuen der höchsten Rassen und selbst von
« solchen, bei denen man vermuthen sollte, dass die Masse erworbener
« Kenntnisse ihr Denkvermögen geschärft habe. Besonders interessant sind
« gerade in dieser Beziehung zahlreiche Aeusserungen von Gegner der
« Descendenz-Theorie, welche oft in wahrhaft erstaunlicher Weise einen
« Mangel an natürlicher, klarer und scharfer Gedanken-Bildung und Ge-
« danken-Verbindung bezeugen, der sie entschieden unter die verständigern
« Hunde, Pferde und Elephanten stellt. Da diese Thiere MEISTENS nicht
« durch die alpenhohen Gebirgsketten von Dogmen und Vorurtheilen be-
« schränkt werden, welche das Denken der meisten Menschen von Jugend
« an in schiefe Bahnen lenken, so finden wir bei ihnen nicht selten rich-
« tigere und natürlichere Urtheile, als sie namentlich bei den Gelehrten
« anzutreffen sind. » *Generelle Morphologie*, Bd II, p. 436. Berlin, 1866.

concevoir l'existence de toutes les gradations que suppose le système?

A parler sérieusement, la réponse à cette question ne saurait être que négative.

Darwin lui-même en convient; il nous répète fréquemment que, sous le rapport intellectuel, la distance entre l'homme et l'animal est *immense*. Il est vrai que par suite de ce langage incohérent qui est une nécessité de l'hypothèse, et pour atténuer l'effet de la concession, Darwin nous dit qu'entre les singes supérieurs et la lamproie, la distance intellectuelle est plus grande encore (1), c'est-à-dire *plus immense* : expression peu intelligible en dehors de la langue du darwinisme.

En fait, puisque chez tous les animaux, quelque variées que soient leurs aptitudes, elles restent incontestablement de même nature, et n'ont pour objet que la satisfaction d'appétits physiques, tandis que chez l'homme, ainsi que nous l'avons vu, les facultés ne sont pas limitées aux sensations et perceptions sensibles, mais s'exercent en outre dans une sphère essentiellement inaccessible à la brute, il est impossible d'admettre l'échelle comparative posée par Darwin. Lorsque, en effet, le naturaliste anglais apprécie l'étendue relative des facultés chez les singes et la lamproie, il établit un parallèle entre des données qui sont effectivement comparables; mais lorsqu'il passe des facultés du singe aux phénomènes de la vie intellectuelle chez l'homme, il assimile des données essentiellement *irréductibles*.

Mais admettons pourtant la justesse de la comparaison. Il resterait toujours entre les deux cas cette différence : c'est qu'entre l'homme et les singes, *il n'y a pas d'intermédiaires*, tandis qu'entre la lamproie et le singe, *il y a des intermédiaires sans nombre*. Darwin nous le dit luimême. Après avoir affirmé la grande supériorité intellectuelle du singe sur la lamproie, il ajoute : « Pourtant cet immense intervalle est comblé par des gradations sans nombre (2). »

(1) *The descent*, v. I, p. 35

(2) « Yet this immense interval is filled up by numberless gradations. » Ibid.

Huxley n'est pas moins explicite à cet égard. D'après lui, entre l'homme intellectuel et les animaux inférieurs, il existe un *gouffre énorme (enormous gulf), une distance immense, pratiquement infinie (a divergence immeasurable, practically infinite* (1).)

Si donc ici encore nous demandons aux darwinistes de nous indiquer, dans la nature, quelque chose qui rende vraisemblable l'existence de tous ces intermédiaires que nécessite le système, ils sont obligés d'avouer leur insuffisance : il y a là, dans l'hypothèse, un énorme hiatus qu'aucun fait connu ne parvient à combler.

Ou bien si, appliquant à la science le dicton familier : *Tout mauvais cas est niable*, les darwinistes prétendent que cet abîme intellectuel entre l'homme et l'animal n'existe pas, ils en sont réduits, pour défendre ce paradoxe, à nous raconter les choses que nous disait tout à l'heure Häckel, et qui resteront comme un des spécimens les plus intéressants de la littérature darwinienne.

C. — Mais allons encore plus loin. Supposons que les facultés générales intellectuelles de l'homme et les facultés psychiques des animaux soient de *même nature*, supprimons pour la plus grande facilité du système le *gouffre* qui les sépare à cet égard, et nous pourrons encore dire que la sélection naturelle n'a pu former l'homme intellectuel, quand bien même nous admettrions les principes du système.

Et pourquoi? Parce la sélection naturelle ne conserve aucune modification, soit *anatomique*, soit *psychique*, que pour autant qu'elle soit *hic et nunc* de nature à assurer à l'individu ou à la communauté qui la possède de plus grandes chances de survivance dans la lutte pour l'existence.

Or, il n'en est pas ainsi de toutes les facultés mentales. Et ici encore nous pouvons invoquer une autorité d'autant plus désagréable aux darwinistes qu'elle doit leur être moins suspecte. Wallace, en effet, par l'étude des facultés intellectuelles, arrive de nouveau à la conclusion que l'*intervention d'une intelligence supérieure* a été nécessaire pour amener l'évolution de l'homme. A la vérité, et nous ne pouvons le suivre en ce point, Wallace, d'accord avec les prin-

(1) Huxley, citation du duc d'Argyll, *Primeval man*, p. 50, 2d ed.

cipes du système, admet que la sélection naturelle a pu former les idées abstraites de *justice* et de *bienveillance*, parce que la pratique de ces vertus rend plus aptes à la sur-vivance dans la lutte pour l'existence les agglomérations sociales où on les rencontre.

« Mais, continue ce naturaliste, il y a une autre classe de facultés humaines qui ne regardent pas nos semblables et qui, par conséquent, ne peuvent être expliquées ainsi. Telles sont la capacité de former des conceptions idéales de l'es-pace et du temps, de l'éternité et de l'infinité, — la capa-cité de puiser dans les arts de vifs sentiments de plaisir,.... et de concevoir ces notions abstraites de forme et de nombre qui rendent la géométrie et l'arithmétique possibles. Com-ment se sont d'abord développées toutes ou quelques-unes de ces facultés, alors qu'elles n'auraient été d'aucun usage à l'homme durant ses phases primitives de barbarie? Com-ment la *sélection naturelle* ou la *survivance du plus apte dans la lutte pour l'existence* pourrait-elle favoriser le moins du monde le développement de facultés mentales aussi com-plétement étrangères aux nécessités matérielles des sauva-ges, et qui, même à présent, avec notre civilisation relati-vement élevée, sont dans leurs derniers développements en avance sur le siècle, et semblent en relation plutôt avec l'avenir de la race qu'avec son état actuel (1)? »

Il y a là, croyons-nous, une argumentation tout-à-fait solide, même en acceptant le point de départ du darwi-nisme.

---

(1) « But there is an other class of human faculties that do not regard our fellow men, and which cannot, therefore, be thus accounted for. Such are the capacity to form ideal conceptions of space and time, of eternity and infinity, — the capacity for intense artistic feelings of pleasure,.... and for those abstract notions of form and number which render geometry and arith-metic possible. How were all or any of these faculties first developed, when they could have been of no possible use to man in his early stages of bar-barism? How could *natural selection*, or *survival of the fittest in the struggle for existence*, at all favour the development of mental powers so entirely removed from the material necessities of savage men, and which even now, with our comparatively high civilization, are, in their farthest developments, in advance of the age, and appear to have relation rather to the future of the race than to its actual status? » *Contributions*, 2d ed., p. 351-352.

III.

Mais où l'impuissance du darwinisme éclate particulièrement, c'est lorsqu'il veut rendre compte de la formation du sens religieux chez l'homme.

Nous l'avons déjà vu, pour Darwin la croyance en Dieu n'a pu être l'apanage de l'humanité primitive. Mais à mesure que ses facultés intellectuelles se sont développées au moyen de la sélection naturelle, l'homme a raisonné sur son existence et sur tout ce qui se passait autour de lui. Le sauvage, par exemple, croit, dans ses rêves, voir effectivement devant lui des êtres venus de loin, ou bien il croit que l'*âme du rêveur s'en va en voyage et rentre ensuite avec le souvenir de ce qu'elle a vu* (1). Par suite d'illusions de ce genre, les rêves mal interprétés, le mouvement de l'ombre et autres faits analogues ont inspiré à l'homme l'idée générale des *esprits*; et de celle-ci, après de longs siècles de culture intellectuelle, il s'est élevé jusqu'à l'idée de *Dieu*.

Mais contre cette théorie fantaisiste les difficultés abondent.

Et d'abord, dans le système, la croyance aux esprits n'étant qu'une pure hallucination, comment a-t-elle pu devenir générale? Cette modification psychique, ce cas de *pathologie intellectuelle*, si nous pouvons nous exprimer ainsi, a dû évidemment rester sans aucune influence utile pour assurer la *survivance du plus apte.* Comment donc cette hallucination n'est-elle pas demeurée à l'état de fait individuel? Une seule explication est possible : si les sauvages se rendent compte de leurs rêves par les voyages de leur *âme* ou par l'apparition des *esprits,* ce ne sont pas les rêves qui ont créé l'idée d'êtres spirituels, mais cette idée *préexistante* dans l'intelligence, *au moins en germe*, a tout simplement été appliquée à ce cas particulier pour l'expliquer.

Mais encore une fois comment le germe de cette croyance aux esprits a-t-il pu naître? En lui-même, pas plus que la croyance explicite, il ne sert de rien dans la concurrence vitale. Il ne pourrait pas davantage avoir été conservé par

(1) Cf. Ch. Darwin, *The descent of man*, v. I, p. 66. London, 1871.

la sélection naturelle en vue de l'évolution future de l'*idée de. Dieu*, qui est la base de tout état social régulier. La sélection naturelle, en effet, nous l'avons dit bien des fois, ne peut rien prévoir : c'est avec un bandeau sur les yeux qu'elle produit l'ordre dans le monde.

L'hypothèse de Darwin sur l'origine du sens religieux n'a donc pas de base scientifique. Sans doute, l'idée de Dieu peut être obscurcie et viciée, mais, quoi qu'on en dise dans un intérêt de système, il n'y a pas de populations véritablement athées. Lorsqu'on a fait une étude approfondie des races qu'un examen superficiel avait déclarées telles, on y a toujours reconnu des croyances religieuses. « Peu à peu, dit De Quatrefages, la lumière se fait, et c'est ainsi que successivement les Australiens, les Mélanésiens, les Boschimens, les Hottentots, les Cafres, les Béchuanas, ont dû être retranchés du nombre des peuples athées et être reconnus pour religieux (1). »

Et si l'idée de Dieu, quelque faussée qu'elle soit chez certaines races, n'était pas *naturelle* à l'homme, comment les verrions-nous toutes susceptibles de s'élever, au contact des missionnaires, à la notion épurée de la Divinité que présente le christianisme? Est-ce que les animaux qui depuis des siècles sont associés à l'homme à l'état domestique, ont jamais donné le moindre symptôme d'idées semblables?

Il est vrai que, si l'idée de Dieu est pour le darwinisme un produit très récent de l'histoire de l'humanité, en revanche, pour mieux combler l'abîme qui pourtant actuellement nous sépare de l'animal, Darwin et ses discipes ne font pas difficulté d'attribuer à celui-ci quelques notions religieuses. D'après Vogt le chien a peur des *revenants* et du *surnaturel*, et chez cet animal, ainsi que chez le cheval, le germe des idées religieuses se trouve particulièrement développé (2). Au sens de Darwin, il y a quelque chose d'analogue à la dévotion religieuse dans l'attachement du

---

(1) De Quatrefages, *Rapport.*, p. 410. — Cf. *Histoire de l'homme*, V, p. 48.

Au reste, il suffit de lire les *Annales de la propagation de la Foi*, recueil le plus complet et le plus varié sur les mœurs des sauvages, pour emporter la conviction que les peuples athées ne sont qu'un mythe.

(2) Cf. Vogt, *Vorlesungen über den Menschen*, I, p. 294. Giessen, 1863.

chien pour son maître, et il cite, sans y faire *la moindre réserve*, l'assertion de Braubach, qui pense que le *chien considère son maître comme un dieu* (1). Or, nous le demandons, tout cela est-il sérieux ! De grâce, que ces Messieurs veuillent bien nous donner un mot de preuve à l'appui de thèses aussi aventurées.

Mais nous l'oublions : les darwinistes nous donnent leurs preuves. Vogt puise les siennes dans la crainte manifestée par un chien lorsqu'il se trouve en présence d'un phénomène insolite, dont l'odorat ne peut lui rendre compte (2). Mais comment le naturaliste de Genève sait-il que cela est un effet de la crainte instinctive de la race canine pour les revenants et le surnaturel? Darwin a aussi ses observations personnelles relativement à la question. Il a vu, par une chaude journée d'été, son chien, reposant sur le gazon, se mettre à aboyer furieusement à la vue d'un parasol ouvert agité par la brise. Dans ce fait si simple, Darwin devine aussitôt chez son chien la croyance aux esprits. Si l'animal a aboyé, c'est qu'il voulait chasser *l'esprit* qui avait agité le parasol. Mais ici encore sur quel fondement le naturaliste anglais peut-il se croire autorisé à faire une telle supposition sur les sentiments éprouvés par son chien?

« Il doit, je pense, explique Darwin, s'être dit à lui-même, par un raisonnement rapide et inconscient, qu'un mouvement sans aucune cause apparente indiquait la présence de quelque agent vivant inconnu, et que pourtant nul étranger n'avait le droit de se trouver sur son territoire (3). »

Voilà donc la raison de la supposition : c'est que Darwin le *pense* ainsi.

Analysons un peu cette pensée, à l'effet de voir tout ce qu'elle renferme.

Saisir le rapport entre le vent, agent *physique*, et le mouvement du parasol, effet également *physique*, est certes une perception des plus élémentaires, et qui ne dépasse en

(1) *The descent*, I, p. 68.
(2) *Vorlesungen*, ibid.
(3) « He must, I think, have reasoned to himself in a rapid and unconscious manner, that movement without any apparent cause indicated the presence of some strange living agent, and no stranger had a right to be on his territory. » *The descent*, I, p. 67.

aucune façon les facultés de la brute, puisqu'elle requiert seulement la *comparaison de deux sensations*. Néanmoins quoique, depuis sa naissance, le chien de Darwin eût sans doute des centaines de fois vu des objets agités par le vent, il n'avait pas encore l'intelligence assez ouverte pour faire au cas présent l'application de ces données de l'expérience : voilà pourquoi il s'inquiète et aboie.

En revanche, à cet animal si peu expérimenté en ce qui regarde les phénomènes physiques et purement sensibles, Darwin accorde l'exercice de hautes facultés dans le monde intelligible et supra-sensible.

En effet, 1° ce chien sait qu'*il n'y a pas d'effet sans cause*, et que, par conséquent, tout mouvement suppose un moteur.

2° Dans le cas présent, ne devinant pas l'action de la brise, il en conclut, en l'absence de toute cause physique apparente, que le mouvement du parasol doit être produit par un *être vivant invisible*, c'est-à-dire, un *esprit*.

3° De plus, non-seulement le chien de Darwin a une idée très nette de la propriété en général, mais il en fait aussitôt l'application à la pelouse sur laquelle il se trouve et qui est *son territoire*.

4° En vertu des droits inhérents à la propriété, il conclut qu'un *étranger* n'a pas le *droit* de se trouver sur *son* territoire, et pour l'en chasser, il se met à aboyer.

En somme donc, malgré l'extrême limitation des facultés psychiques de cette bête qui, même dans l'ordre des phénomènes purement sensibles, ne peut percevoir le lien existant entre le vent et ses effets, on voit que Darwin en fait presque une espèce de philosophe. Car à l'animal raisonnant ainsi, fût-ce d'une manière *rapide et inconsciente*, sur le principe de *causalité*, l'idée de *propriété*, les *droits* qui en résultent, et les *conséquences pratiques* auxquelles elle conduit, il est bien clair qu'il n'y a aucune raison de refuser l'ensemble des *vérités-principes* sur lesquelles repose toute la raison humaine.

Et pourtant voilà tout ce qu'il faut dire lorsqu'une fois on a affirmé, avec le darwinisme, que l'homme est le produit de la sélection naturelle sur les formes animales inférieures, doctrine qui vaudra à notre époque, d'après Häckel,

l'honneur d'être célébrée par les âges futurs comme la date,
du triomphe de la science libre sur le despotisme de l'auto-
rité (1).

IV.

L'échec du darwinisme n'est pas moins complet relativement à l'origine du sens moral chez l'homme.

Ainsi que nous l'avons déjà dit, le sens moral, à en croire
le système, n'est que la transformation par la sélection
naturelle des instincts sociaux que l'on rencontre parmi les
animaux. Dès le moment où par une modification psychique accidentelle, il se manifeste chez certains individus un
instinct utile à la communauté, celle-ci a de plus grandes
chances de succès dans la lutte pour l'existence avec les
communautés dans le sein desquelles cet instinct ne s'est
pas encore développé. Par suite, ces dernières sont évin-
cées et finissent par disparaître, tandis que la première, par
l'évolution progressive d'instincts de plus en plus utiles et
transmis par l'hérédité, peut toujours s'élever davantage.
Dans l'espèce humaine, le sens moral n'est, lui aussi, en
dernière analyse, qu'un instinct acquis de cette manière, et
par conséquent son empire est assuré par la jouissance et
le plaisir qui s'attachent naturellement à la satisfaction,
d'un instinct quelconque.

Mais tout cela, on peut l'affirmer sans hésiter, ne résiste
pas au plus léger examen.

A. — Et d'abord il y a ici confusion entre des idées essentiellement distinctes.

En effet, si la sélection naturelle a travaillé dans le
sens requis par le système, elle aura, nous le voulons bien,
conservé des instincts de plus en plus utiles. Mais ce point
même étant admis, nous n'en serions pas plus rapprochés
de la solution du problème posé par l'existence de la loi
morale. Partout, en effet, dans toutes les langues et chez
tous les peuples, les notions de l'*utile* et du *bon* sont complétement distinctes.

Il y a plus : selon la remarque de Mivart, « la distinc-

(1) Cf. *Natürliche Schöpfungsgeschichte*, p. 658. 2te Aufl. Berlin, 1870.

tion entre le *bon* et l'*utile* est tellement fondamentale et essentielle, que non-seulement l'idée d'avantage n'entre pas dans l'idée du devoir, mais nous voyons que la qualité même d'un acte de *ne pas nous être avantageux* le rend plus louable, tandis que le gain tend à diminuer le mérite d'une action (1). » Ainsi les idées de l'*utile* et du *bon* ne sont pas seulement distinctes, mais elles sont jusqu'à un certain point en opposition. L'hypothèse émise par le système sur l'origine du sens moral implique donc des faits contradictoires, et cette incohérence est parfaitement mise en relief par Sᵗ-G. Mivart, qui continue de la sorte : « Et pourtant cette idée du *bon* excluant ainsi, comme elle le fait, toute relation d'utilité et de plaisir, a eu pour source de formation et de développement l'utilité et le plaisir, et en dernière analyse les sensations agréables, si nous consentons à accepter le darwinisme pur, c'est-à-dire, si nous voulons admettre l'évolution de la nature psychique de l'homme et de ses facultés les plus élevées, sous l'action exclusive de la sélection naturelle, par la transformation des facultés analogues possédées par les brutes; en d'autres termes, si nous voulons bien croire que les conceptions de la moralité humaine la plus élevée sont le résultat des variations légères et fortuites, dans toutes les directions imaginables, des instincts et appétits brutaux (2). »

Au reste, ici encore, nous avons l'aveu de Wallace même. Lui aussi reconnaît que l'explication purement utilitaire du sens moral, la seule évidemment qui puisse s'appuyer sur

---

(1) « The distinction between the *right* and the *useful* is so fundamental and
» essential, that not only does the idea of benefit not enter into the idea of
» duty, but we see that the very fact of an act *not being beneficial to us*
» makes it the more praiseworthy, while gain tends to diminish the merit of
» an action. « *On the genesis of species*, p. 219.

(2) « Yet this idea, *right*, thus excluding, as it does, all reference to utility
» or pleasure, has nevertheless to be constructed and evolved from utility and
» pleasure, and ultimately from pleasurable sensations, if we are to accept
» pure Darwinianism : if we are to accept, that is, the evolution of man's
» psychical nature and highest powers, by the exclusive action of *natural*
» *selection*, from such faculties as are possessed by brutes ; in other words, if
» we are to believe that the conceptions of the highest human morality arose
» through minute and fortuitous variations of brutal desires and appetites in
» all conceivable directions. » Ibid., p. 219-220.

la sélection naturelle, ne peut être acceptée comme satisfaisante. «Quoique, nous dit-il, la *pratique* de la bienveillance, de l'honnêteté ou de la vérité puisse avoir été utile à la tribu possédant ces vertus, cela n'explique pas du tout la *sainteté* particulière attachée aux actions que chaque tribu envisage comme bonnes et morales, en opposition avec les sentiments tout différents avec lesquels on regarde ce qui est purement *utile* (1).» Cette difficulté contribue donc, pour sa part, à amener Wallace à l'hypothèse que nous avons déjà indiquée d'une direction intelligente imprimée à l'évolution de l'homme par des êtres intermédiaires entre nous et la Divinité.

B. — En second lieu, la transformation imaginée des *instincts* sociaux en une *loi* morale est inconciliable avec le rôle que prête le système à la sélection naturelle.

Chez l'animal, en effet, les instincts, précisément parce qu'ils ne sont que des instincts, commandent impérieusement et assurent parfaitement l'avantage de la communauté, témoins, par exemple, le castor, l'abeille et la fourmi. La transformation des instincts sociaux en cette loi morale, qui s'offre au choix libre de la volonté humaine, est donc *inutile* pour assurer la survivance des communautés animales les plus aptes dans la concurrence vitale. Par conséquent, la sélection naturelle n'aurait pu créer que des instincts utiles de plus en plus impérieux, des habitudes sociales de plus en plus accentuées.

·A plus forte raison, en se maintenant toujours sur le terrain de la sélection naturelle, on ne comprend pas comment la transformation des instincts de la brute aurait pu produire l'amour ardent du bien pour lui-même, l'horreur du mal, des maximes telles que celle-ci : *Fiat justitia, ruat coelum*. La sélection naturelle, en effet, ne peut produire que ce qui est *strictement nécessaire* pour assurer la victoire dans le combat pour la vie. Pour cela, il suffit de l'accomplissement des actes utiles à la communauté ou *matérielle-*

___

(1) « Although the *practice* of benevolence, honesty, or truth, may have been useful to the tribe possessing these virtues, that does not at all account for the peculiar *sanctity*, attached to actions which each tribe considers right and moral, as contrasted with the very different feelings with which they regard what is merely *useful*. » *Contributions*, p. 352.

ment bons, ne fût-ce que sous la seule impulsion de l'instinct.'
Un extrême amour du bien pour lui-même, une vive horreur
du mal parce qu'il est le mal, ne sont pas nécessaires à cette
fin. Ce sont là des sentiments de luxe au point de vue de
la morale darwinienne : dans la théorie de la sélection naturelle, ils seraient des *effets sans cause*.

D'autre part, non-seulement [le changement d'instincts
fatalement obéis en une loi morale proposée au libre choix
de la volonté humaine est une opération impossible à la
sélection naturelle, parce que cette transformation est inutile, mais nous dirons même qu'une modification dans ce
sens est *contradictoire* au rôle de la sélection. Celle-ci, en
effet, d'après la théorie, tend seulement à assurer la survivance du plus apte, quelle que soit d'ailleurs la nature des
procédés employés. Or, la chose est claire, du moment
où l'on n'a en vue que le résultat matériel, des instincts
sociaux *toujours obéis* conduisent plus sûrement au but
qu'une loi morale parfois transgressée.

L'acquisition de la liberté humaine dans l'accomplissement de nos devoirs sociaux est donc incompatible avec
l'hypothèse. Les darwinistes conséquents avec eux-mêmes
doivent nier la liberté humaine, et c'est ce qu'ils font d'ailleurs communément avec plus ou moins de franchise. Ainsi,
malgré quelques réticences, Huxley manifestement rejette
tout à la fois l'âme et la liberté humaine (1). Häckel est on
ne peut plus catégorique à ce sujet.

» La volonté de l'animal, nous dit-il, comme celle de
l'homme, *n'est jamais libre*. Le dogme si répandu du libre
arbitre est, scientifiquement, absolument insoutenable. Tout
physiologiste qui étudie scientifiquement les phénomènes
de la volonté en action chez l'homme et les animaux arrive
nécessairement à la conviction que la *volonté n'est proprement jamais libre*, mais que toujours elle est déterminée par
des influences externes ou internes (2).»

(1) Cf. Th.-H. Huxley, *Lay sermons*, p. 142-144. 3d ed., London, 1871.
(2) « Der Wille des Thieres, wie des Menschen, *ist niemals frei*. Das weit-
« verbreitete Dogma von der Freiheit des Willens ist naturwissenschaftlich
« durchaus nicht haltbar. Ieder Physiologe, der die Erscheinungen der Wil-
« lensthätigkeit bei Menschen und Thieren naturwissenschaftlich untersucht,
« kommt mit Nothwendigkeit zu der Ueberzeugung, das der *Wille eigentlich*

Le développement et la perpétuation des sentiments héroïques qui portent l'individu à se sacrifier pour le bien
public sont tout aussi opposés aux résultats que l'on serait.
en droit d'attendre de la sélection naturelle. D'après le darwinisme, en effet, si le niveau moral de l'humanité s'est
élevé, c'est que les instincts sociaux se sont transmis et
développés par l'hérédité. Car les communautés qui en
étaient douées sont supposées, par suite de leurs succès
dans la lutte pour l'existence, avoir laissé de plus nombreux
descendants chez lesquels l'instinct reparaît. Le progrès moral
n'est donc possible que si les membres les mieux doués de
l'humanité laissent une descendance relativement plus considérable. Mais il y a moins de chances, chez ceux qui se
sacrifient au sentiment du devoir, de laisser après eux des
héritiers de leurs vertus et de leur dévouement. Par conséquent, puisque la sélection naturelle assure seulement la
survivance de celui qui se conserve le mieux, quels que
soient les moyens employés, fût-ce même au détriment de
la moralité, on doit conclure, en se plaçant exclusivement
sur ce terrain, que si la communauté perd un de ses membres, mort prématurément pour le bien public, elle tend à
se détériorer moralement, les individus les moins recom-
mandables laissant alors de préférence des héritiers. Si
donc ce sentiment élevé du devoir s'était, par hasard, montré chez l'un ou l'autre membre d'un groupe social, la sélection naturelle tendrait à ramener bientôt la communauté à
son niveau primitif. Il faut d'ailleurs observer, selon la
remarque de Sᵗ-G. Mivart(1), que la *réversion* ou l'*atavisme*
agit toujours puissamment, d'après les vues du darwinisme,
pour faire reparaître les mauvais instincts de dégradation
de l'humanité primitive, et entraver ainsi le progrès moral
de la société.

Il est vrai que, pour le développement des sentiments
héroïques, Darwin fait un large appel à l'influence de l'opinion publique et de l'éducation. Sans doute, personne ne
peut méconnaître la valeur de ces influences; mais, en der-

niemals frei, sondern stets durch äussere oder innere Einflüsse bedingt ist. »
Natürliche, etc., p. 212. — Cf. 100, 654.

(1) St-G. Mivart. *On the genesis of species*, p. 217. 2ⁿᵈ edition, London,
1871.

nière analyse, l'opinion publique a ses racines dans la nature humaine, dans le dictamen de la raison; or, dans le système, la raison est essentiellement ce qu'elle est par l'action de la sélection naturelle. L'opinion publique n'a donc pu se former dans le sens indiqué et imprimer à l'éducation une tendance moralisatrice que parce que la sélection naturelle aurait elle-même, dans le même sens, transformé nos instincts psychiques. L'explication subsidiaire de Darwin ne fait donc que reculer la difficulté sans la résoudre, ou plutôt elle constate implicitement l'insuffisance de la théorie pour la solution du problème.

V.

A moins donc d'admettre, selon l'expression spirituelle de Mivart, qu'*un courant peut remonter plus haut que sa source* (1), il est impossible de comprendre comment des instincts purement aveugles auraient pu, en s'accumulant, former la loi morale perçue par l'intelligence humaine et proposée au libre choix de la volonté. En admettant les principes du darwinisme, la sélection naturelle aurait dû donner naissance à des habitudes sociales de plus en plus impérieuses, mais rien de plus.

Aussi, quand on analyse jusqu'au bout la pensée des darwinistes, c'est bien là qu'ils en viennent. En fait, comme le remarque excellemment Mivart (2), Darwin ne paraît pas même comprendre exactement la nature de la question à résoudre. Il nous met sans cesse en face d'actes posés par les animaux et qui sont *matériellement moraux*, comme se rapportant au bien de la communauté. Mais il ne s'agit pas d'expliquer l'origine d'habitudes *matériellement morales*, mais de rendre raison de la *moralité formelle* des actes humains. D'où vient chez l'homme cette lumière intellectuelle de la conscience en présence de laquelle il se sent responsable de ses actes, qu'il juge lui-même être *bons* ou *mauvais?* Telle est la seule question à examiner. Ainsi, quand après avoir établi un parallèle entre la *conduite* des animaux so-

(1) *Genesis of species*, p. 214.
(2) Ibid., p. 212.

ciaux, qui rejettent en dehors du troupeau un individu blessé, et celle des Indiens de l'Amérique du Nord et des habitants de la Terre de Feu, que l'on voit abandonner leurs compagnons malades et enterrer vivants leurs vieux parents (1), Darwin conclut que la *conduite* des premiers *n'est pas beaucoup plus mauvaise* que celle des seconds (*their conduct is not much worse*,) il tombe dans la plus étrange confusion. Les animaux, dans les actes incriminés, ne peuvent faire *formellement* le mal, puisque le sentiment de la responsabilité personnelle leur fait défaut. L'homme, au contraire, en agissant ainsi, descend en un sens au-dessous de la brute, parce qu'il méprise la *lumière* du sens moral qui se trouve toujours en lui, au moins en germe.

Il est vrai que pour rendre l'assimilation plus complète entre l'homme et l'animal, les darwinistes (2) ne se font pas faute d'attribuer à certains animaux le germe de la moralité et des idées qui sont essentielles à la constitution de la société. Si un roquet fait mine de menacer un grand chien qui n'y fait pas attention, il y a là de la *magnanimité* (3). Si un babouin entre en fureur au point de se mordre jusqu'au sang, parce que son gardien fait vis-à-vis de lui une lecture à haute voix, Darwin en conclut que l'animal possède le sentiment de la dignité personnelle qui lui fait considérer comme une *offense* le procédé du gardien (4). Chez le chien qui gronde quand on veut lui enlever un os, ou chez l'oiseau défendant son nid, il y a l'*idée de la propriété* (5), et ainsi de suite. En un mot, les animaux ont, comme l'homme, des vertus. Comme lui, ils ont des devoirs à remplir, et nous avons déjà vu, d'après Darwin, que, pour les différentes races de chiens de chasse, ces devoirs sont marqués par leur instinct particulier.

« Ce n'est guère dans un sens métaphorique, nous dit-il, que nous employons le mot *devoir* lorsque nous disons que les chiens courants *doivent* poursuivre; les chiens d'arrêt,

---

(1) *The descent*, p. 76-77.

(2) Cf. Vogt, *Vorlesungen*, I, p. 294. — Häckel, *Natürliche*, etc., p. 654. — Darwin, *The descent*, passim.

(3) Darwin, ibid., I, p. 42.

(4) Ibid.

(5) Ibid., p. 53.

arrêter; et les chiens rapporteurs, rapporter leur proie.
S'ils négligent de le faire, ILS MANQUENT A LEUR DEVOIR ET
AGISSENT MAL (1). »

Mais il n'y a dans tout cela rien de sérieux. Pourquoi
un chien fort devrait-il s'émouvoir d'un semblant d'attaque
dont il n'a rien à craindre? La fureur du babouin est un
splendide exemple de la stupidité de la bête. Pour deviner
dans ces transports de rage le sentiment de la dignité personnelle offensée, il faut ce même coup d'œil scrutateur qui
a fait découvrir à Darwin toute une suite de raisonnements
subtils dans les aboiements de son chien à la vue d'un parasol agité par la brise. Si le chien qui défend l'os qu'il
ronge est conduit en cela par l'*idée* des droits *de la propriété* qu'il veut maintenir, est-on bien convaincu qu'un os
enlevé en vertu *du droit du plus fort* ne serait pas immédiatement défendu de la même manière? Et lorsque l'oiseau
défend son nid, ce berceau futur de ses petits, est-il nécessaire de recourir à l'idée de la propriété pour expliquer ce
détail dans les phénomènes qui se rattachent à l'instinct de
la multiplication de l'espèce? Sans doute, nous admettons
parfaitement que Darwin est tout-à-fait conséquent avec le
système lorsqu'il vient nous dire que le chien de chasse qui
n'obéit pas aux instincts de sa race *manque à son devoir et
agit mal* dans le sens des moralistes. Mais précisément, si
d'un système découlent logiquement d'aussi choquants para-
doxes, est-il nécessaire de chercher d'autres preuves de sa
fausseté?

En fait, dans tous les exemples allégués par Darwin et par
d'autres, il n'y a rien qui indique le moindre germe de *moralité formelle*. Il n'y a là ni le sentiment de la responsabilité personnelle vis-à-vis de la conscience, ni la notion du
devoir en face de la loi saisie par l'intelligence. Aussi, si l'on
prend le sens moral pour ce qu'il est, « on peut affirmer sûrement, avec Mivart, qu'il n'y a chez les brutes aucune trace
d'actions simulant la moralité qui ne soient explicables par

______

(1) « We hardly use the word *ought* in a metaphorical sense, when we say
« hounds ought to hunt, pointers to point, and retrievers to retrieve their game.
« If they fail thus to act, THEY FAIL IN THEIR DUTY AND ACT WRONGLY. »
Ibid., p, 32

la crainte du châtiment, par l'espérance du plaisir ou par l'affection personnelle (1). »

Il n'est donc pas étonnant de voir communément les darwinistes, pour rester conséquents avec le système, nier absolument la distinction entre la moralité matérielle et la moralité formelle. Huxley (2), entre autres, la répudie catégoriquement.

VI.

Avec de telles idées, toute loi morale, en tant qu'elle s'impose comme un devoir à la volonté, disparaît en réalité, c'est une chose claire. Mais essayons de le montrer plus clairement encore.

D'après Darwin, nous le répétons, la loi morale est tout simplement un instinct social *très persistant*, acquis par la sélection naturelle. Si je le contrarie en satisfaisant un instinct mauvais, passagèrement plus puissant, lorsque je serai revenu à moi-même, le plaisir goûté aux dépens de l'intérêt social aura perdu de sa vivacité et ne sera plus qu'un souvenir. Par conséquent, je me trouverai désormais en présence de l'instinct social seulement, et de même que tout animal qui ne satisfait pas son instinct, je serai *désagréablement* impressionné par la pensée que j'ai résisté à un instinct *permanent*; et, pour m'éviter le renouvellement de ce déplaisir, je conclurai que je dois agir autrement à l'avenir (3). Cette impression désagréable, c'est le *remords*; cette conclusion pratique, c'est la voix de la *conscience*.

- Une telle théorie morale soulève d'abord encore quelques remarques.

(1) « It may safely be affirmed, that there is no trace in brutes of any actions simulating morality which are not explicable by the fear of punishment, by the hope of pleasure, or by personal affection. « *Genesis of species*, p. 221.

. (2) Cf. Huxley, citation de Mivart, *Evolution*, p. 29. London, 1872.

. (3) Cf. Darwin, *The descent*, I, p. 90, 91, 92 et alibi passim.

. Ce système moral a des analogies frappantes avec celui qui a été exposé récemment par Ricciardi, dans sa *Morale nouvelle ou l'art d'être heureux* (Giuseppe Ricciardi, *Etica nuova ossia Arte di esser felice*). Cf. *Civiltà cattolica*, serie VIII, v. II. p. 191-201. — Pour Ricciardi aussi la morale n'est que l'art de rechercher la plus grande somme possible de plaisir.

Ainsi 1°, la morale darwinienne ne peut s'occuper directement des devoirs envers Dieu. Pour la sélection naturelle, en effet, Dieu en lui-même n'est rien; elle ne saurait en tenir compte que *par accident*, c'est-à-dire, en tant que les sentiments de piété sont en corrélation avec des habitudes utiles à la société. Les devoirs envers la Divinité pour elle-même n'ont donc logiquement aucune place dans le système.

2° La loi morale n'étant, soit directement, soit par corrélation, que l'œuvre de la sélection naturelle opérant à l'aveugle sur les modifications psychiques des animaux, nous avons donc une loi sans l'autorité d'un législateur quelconque.

Or, vouloir sur de telles bases établir une loi morale efficace, c'est tout simplement bâtir en l'air.

En effet, d'abord comment Darwin expliquera-t-il pourquoi de deux instincts en lutte, l'un est *mauvais* uniquement parce qu'il est moins durable et moins fort habituellement, tandis que l'autre est *bon* uniquement à cause de sa persistance? Voila certes un principe formel de la moralité des actes humains qu'il est plus facile d'énoncer que de prouver. Aussi n'avons-nous pas trouvé chez les darwinistes un seul mot qui tende à faire cette preuve.

Mais laissons ce détail, et accordons, si l'on veut, que l'instinct persistant doit être appelé *bon*, et l'instinct passager contraire, *mauvais*.

D'après Darwin, l'expérience que j'ai faite du déplaisir attaché à la violation d'un instinct persistant me fait prendre la résolution d'agir autrement à l'avenir. Par conséquent, jusqu'à ce que l'expérience m'ait instruit à cet égard, je serai parfaitement irréprochable au point de vue de la morale darwinienne, en laissant libre cours à mes instincts quels qu'ils soient. Puisque le bien consiste, en somme, à *satisfaire ses instincts, en choisissant le plus puissant* lorsqu'il y a conflit, il est non-seulement permis, mais tout-à-fait raisonnable d'obéir à celui qui est *hic et nunc* plus impérieux, et de ne tenir aucun compte des impressions désagréables, possibles peut-être dans l'avenir, mais dont l'expérience n'a pas encore été faite.

Et après tout, comme le plaisir est une affaire de goût,

si, même après expérience faite, et lorsque mon action
mauvaise n'est plus qu'un souvenir, je suis organisé de manière à trouver, en définitive, plus de charme à satisfaire
mes passions qu'à respecter un instinct social qui chez moi
est trop faible, pourquoi devrais-je me contraindre ?

Dans ce cas, nous dit Darwin, *je serai retenu, du moins
ordinairement, par la pensée que ma conduite, si elle
était connue de mes semblables, encourrait leur désapprobation* (1).

Mais si j'ai la certitude morale que je ne serai pas connu,
je reste donc parfaitement libre, d'après le système, d'as-
souvir ma passion, ou plutôt j'agirai raisonnablement en le
faisant.

Et si, même en prévoyant que ma conduite sera connue,
j'éprouve moins de déplaisir à contrarier l'instinct de sympathie qui m'unit à mes semblables, qu'à contrarier mes
autres instincts, encore une fois je n'ai aucun motif pour
m'arrêter. Et, en effet, Darwin lui-même, cette fois, en convient, car il me déclare alors *un homme essentiellement
mauvais, essentially a bad man.* Mais par cela seul que je
suis *essentiellement mauvais*, je ne suis *plus du tout mauvais*, dans le sens formel du mot. Loin de là; je serais au
contraire un monstre si, dans ces conditions, je voulais réagir contre mes mauvais instincts, puisque je me mettrais
ainsi en opposition avec les propriétés *essentielles* de ma
nature.

A la vérité, pour étayer un peu son édifice ruineux, Darwin indique, comme un moyen auxiliaire de porter au bien,
la croyance en un Dieu ou en plusieurs dieux et la crainte
du châtiment divin (2).

Sans doute, il y a là, pour maintenir dans l'observation
de la loi morale, quelque chose de mieux que la *recherche
raisonnée du plaisir*. Mais cette influence est un fait étranger au système.

Et d'abord puisque, si l'on en croit les darwinistes, l'idée
de Dieu n'est qu'une conquête récente de l'esprit humain, la
considération des châtiments divins n'est venue que bien tard

(1) *The descent*, I, p. 92.
(2) Cf. ibid., I, p. 33; II, p. 394,

fortifier les impulsions du sens moral. Et par conséquent, durant les longs siècles de la barbarie primitive de l'humanité, il ne pouvait être question de ce stimulant pour la pratique du bien.

Prenons donc les choses pour le temps actuel.

Il faut d'abord admettre qu'en nous plaçant sur le terrain du darwinisme, nous n'avons pas à nous occuper de Dieu *tel qu'il nous est connu par les enseignements du christianisme*. En nous présentant l'homme comme *apparu* sur la terre dans un état semi-bestial, semi-humain, à partir duquel il s'est élevé d'une manière purement naturelle, le darwinisme est une négation radicale des enseignements de la Foi chrétienne relativement à l'état de perfection dans lequel a été créé le premier couple humain. Un darwiniste pur n'a donc que faire de ces enseignements pour se maintenir dans l'accomplissement de ses devoirs.

Reste donc Dieu tel qu'il nous est connu par les lumières de la raison. Mais comme pour le darwinisme, d'après les lumières de la raison, le sens moral n'est, en dernière analyse, que l'impulsion impérieuse et persistante des instincts sociaux qui évincent les instincts opposés, si chez moi, par suite de ces variations individuelles sur lesquelles repose tout le système, un instinct antisocial est habituellement prédominant, même lorsque je suis éclairé par l'expérience, je n'ai aucun motif raisonnable de me sacrifier au profit des instincts sociaux; et Dieu, puisqu'il est souverainement raisonnable, ne peut trouver mal que j'agisse en conséquence. Ainsi le veut la logique pour tout darwiniste convaincu.

La morale darwiniste est donc, en définitive, la ruine de toute morale pratique; et c'est avec raison que St-G. Mivart proclame *désastreuses* (1) les conséquences qu'aurait pour la société la vulgarisation de telles idées.

VII.

Ainsi tout est impossibilité dans l'origine supposée de nos facultés mentales par une simple transformation de l'activité psychique des animaux. La thèse darwinienne fausse

(1) Cf. Mivart, *Genesis of species*, p. 232. 2ᵈ ed. London, 1871.

vraiment toutes les analogies et parfois jusqu'au sens le plus clair des mots.

Aussi que d'efforts chez certains transformistes pour échapper à l'étreinte de ces difficultés!

Nous connaissons déjà les vues romanesques de Wallace sur les éleveurs primitifs de la race humaine. Inutile, pensons-nous, de nous y arrêter encore.

Mais nous devons mentionner ici une hypothèse qui ne nous paraît guère moins étrange.

D'après quelques transformistes, le corps du premier homme serait venu du singe, mais dans ce corps qu'une évolution progressive, *due au simple jeu des causes naturelles*, aurait rendu convenable pour nous, Dieu aurait insufflé une âme raisonnable.

Notons, d'abord, que cette hypothèse est tout-à-fait en dehors du système de Darwin ; et par conséquent, *fût-elle admissible*, ce serait une pure illusion que d'espérer y trouver une conciliation quelconque du darwinisme avec les traditions chrétiennes. Du moment, en effet, que l'on ne fait pas dériver l'homme tout entier, sa nature psychique aussi bien que sa nature corporelle, d'une forme animale inférieure, on répudie le darwinisme.

Il faut remarquer, en second lieu, que souvent, même dans la pensée de ceux qui les produisent, ces vues n'ont évidemment rien de sérieux. C'est tout simplement une concession apparente faite aux opinions régnantes sur la dignité de l'homme, et un essai pour calmer provisoirement les alarmes religieuses. C'est ainsi, par exemple, qu'après nous avoir exposé, presque avec onction, que nos croyances sont tout-à-fait désintéressées dans la question du transformisme, lorsque l'on admet en l'homme une âme immortelle (1), Dally professe catégoriquement un peu plus loin la négation de la création et l'éternité de la vie organique (2) ; ce qui montre bien le cas qu'il faut faire des décisions doctrinales d'un théologien de cette nuance.

Mais à côté des écrivains pour lesquels l'hypothèse de l'infusion d'une âme raisonnable dans le corps d'un singe

(1) Cf. Dally, *L'ordre des primates et le transformisme*, p. 4, 5.
(2) Ibid., p. 38, 39.

n'est qu'une mise en scène du transformisme, on en trouve d'autres qui l'ont exposée sérieusement. St-G. Mivart lui a prêté particulièrement l'appui de son nom. En la soutenant, toutefois d'une manière très dubitative, le savant anatomiste anglais a un double but : 1° concilier le transformisme avec les traditions bibliques ; 2° le concilier avec la logique en éliminant les impossibilités auxquelles on aboutit si l'on admet, avec le darwinisme, que les facultés intellectuelles de l'homme sont le résultat de la transformation lente des facultés psychiques des animaux.

Quelque profond que soit le regret que nous éprouvons de nous séparer d'un savant de la valeur de Mivart, pour qui nous professons la plus haute estime, il nous est impossible de le suivre ici.

A. — Et d'abord nous ne pouvons admettre, pour notre part, que l'évolution supposée du corps du premier homme d'une forme animale inférieure soit conciliable avec les traditions chrétiennes.

Nous ne demanderons pas d'ailleurs aux partisans de ce système comment ils expliquent la création d'Ève : évidemment ils prennent dans un sens purement allégorique le récit de la Bible à ce sujet. Il serait, en effet, inconséquent de tenir à expliquer *naturellement* l'évolution du corps du premier homme, tout en admettant une voie *miraculeuse* pour la formation de la femme. Mais nous laisserons ce point pour nous en tenir à ce qui est indispensable.

Nous ne connaissons pas *un seul* théologien qui ne proclame l'homme tout entier, le corps aussi bien que l'âme, l'œuvre immédiate de la Divinité. Tous excluent manifestement l'évolution du corps de nos premiers parents *par le simple jeu des lois naturelles.* Et depuis qu'il est particulièrement question de l'origine simienne de l'homme, nous n'avons pas lu un théologien catholique qui se soit prononcé autrement que pour la déclarer, sans aucune réserve ou restriction, contraire à nos croyances religieuses (1).

(1) Pour n'en citer que quelques-uns, mentionnons l'abbé Lambert, Mgr Meignan, Mgr de Kernaëret, Pianciani, et les écrivains de la *Civiltà cattolica* qui, dans la livraison du 7 octobre 1871, p. 21, déclare encore, purement et simplement et sans le moindre correctif, la théorie de l'*homme-singe* opposée à la Religion.

Au reste, pas plus que nous, Mivart n'a trouvé de théologiens qui, *en parlant de la création de l'homme*, aient émis des idées dont on puisse tirer quelque chose de favorable à l'hypothèse nouvelle. La preuve en est qu'il ne cite aucune autorité à cet effet, malgré les grandes recherches qu'il a faites dans les ouvrages théologiques. les plus estimés. Voyons d'ailleurs les principaux arguments qui semblent avoir motivé sa manière de voir.

1° St-G. Mivart commente longuement et, nous le reconnaissons, avec succès, les textes des théologiens les plus autorisés, notamment de saint Augustin, de saint Thomas, de Suarez, etc., pour montrer que leurs vues sur la création *en général* peuvent fort bien se concilier avec l'hypothèse de l'évolution des espèces organiques ; et il croit pouvoir déduire de là la légitimité de l'application du transformisme à l'origine du corps du premier homme.

Mais le savant naturaliste le proclame lui-même fréquemment, on pourrait admettre d'une manière générale la théorie de l'évolution et pourtant récuser son application à l'homme (1). Par conséquent, les textes qu'il apporte pour légitimer en général, au point de vue de l'orthodoxie, l'hypothèse de l'évolution ne pourraient, relativement à notre espèce, être invoqués que comme un *pis-aller*, à défaut de passages traitant *ex-professo* de la création de l'homme. Or, ces passages ne manquent en aucune façon. Et les théologiens mêmes cités en faveur de l'orthodoxie du transformisme envisagé à un point de vue général, ont un langage bien autrement clair contre l'évolution naturelle du corps du premier homme.

Pour ne citer qu'une autorité très récente, nominativement invoquée par Mivart au sujet des *jours-époques* de la création, voyons ce que dit Perrone par rapport à l'homme.

Après avoir posé la proposition : *Primi parentes immediate a Deo conditi sunt*, le savant théologien continue :

« Hæc propositio de fide est, uti constat ex Concilio Lateranensi IV, Cap. Firmiter.... Dum vero dicimus protoparentes *immediate* a Deo conditos esse, significamus *totum* ho-

<hr>

(1) Cf. Mivart, *On the genesis of species*, 2ᵈ ed., p. 319. — *Evolution and its consequences*, p. 9. (From the *Contemporary Review*, january 1872).

minem,. *tum quoad corpus*, tum quoad animam, adversus eos qui *saltem corpus primi hominis ex causis naturalibus*, exempli gratiâ, ex terræ limo, fungorum instar, prodiisse affirmant (1). »

Or, le transformisme, appliqué à notre espèce, explique par le seul jeu des causes naturelles, on le déclare nettement (2), l'origine du corps du premier homme. Donc cette théorie, au jugement de Perrone, est hétérodoxe.

Ainsi si l'enseignement théologique sur la création peut se concilier avec l'hypothèse générale de la dérivation des espèces, non-seulement on ne peut en conclure qu'il se concilie en même temps avec l'origine simienne du corps du premier homme; mais, en fait, le langage des théologiens, *lorsqu'ils traitent ex-professo de la création de l'homme*, prouve que cette interprétation est tout-à-fait opposée à leur pensée.

2° On nous dit, avec le professeur Flower : si la dignité humaine ne se trouve pas amoindrie, parce que chaque individu doit son origine corporelle au procédé ordinaire de la génération; elle reste également intacte, soit que le corps du premier homme ait été tiré du *limon de la terre* ou de quelque *forme animale préexistante* (3).

Mais cet argument repose manifestement sur une équivoque.

Spéculativement parlant, nous admettons que la dignité humaine ne dépend pas nécessairement du mode d'origine du corps du premier homme. Il est cependant évident qu'une origine *miraculeuse* est plus en harmonie avec le ca-

---

(1) Perrone, *Praelectiones theologicas in compendium redactae*, vol. I, p. 421-422. Lovanii 1866. — Cf. *Praelectiones theologicae*, vol. III, p. 113-114. Lovanii 1839.

Nous pourrions également renvoyer à un traité théologique qu'a publié l'année dernière le professeur Jungmann. Après avoir, exactement comme Perrone, démontré la proposition relative à la création de nos premiers parents et *constaté qu'elle s'applique également au corps*, il ajoute : *Absque dubio dogma catholicum est, primos homines immediatè a Deo conditos esse. — Tractatus de Deo creatore*, p. 152. Ratisbonae, 1871.

(2) Cf. Mivart, *Genesis of species*, p. 236, 324, 325, 331 et alibi passim. — *Evolution*, etc., p. 9, 19.

(3) Cf. Flower, Introductory lecture to *Hunterian lectures* for 1870. (Cit. de Mivart, *Genesis*, p. 326).

ractère privilégié que nos croyances attribuent à l'homme.

Mais il ne s'agit pas ici d'une question *spéculative* ; il s'agit d'une question de *fait* : à savoir, si la révélation nous enseigne que le corps du premier homme a été tiré du *limon de la terre*, et non pas dérivé d'une *forme animale inférieure* Or, les considérations présentées par Flower sont absolument étrangères à cette question.

3° Le corps et. l'âme étant de nature différente, il est naturel, nous dit-on encore, de leur attribuer un mode différent d'origine.

« C'est, explique Mivart, ce que semble indiquer clairement l'Écriture lorsqu'elle dit : *Dieu forma l'homme du limon de la terre, et inspira sur sa face un souffle de vie, et l'homme devint une âme vivante.* — C'est là énoncer d'une manière claire et nette que le *corps* de l'homme n'a pas été créé dans le sens propre et absolu du mot, mais qu'il a été tiré de ·la matière préexistante (symbolisée par le terme *limon de la terre*), et par conséquent créé seulement *d'une manière dérivative, c'est-à-dire, par l'opération des causes secondes* (1). »

A ce raisonnement la réponse est simple.

Le texte de la Genèse ne *semble* pas seulement impliquer, mais il implique évidemment que le corps du premier homme n'a pas été, comme l'âme, créé dans le sens rigoureux du mot, c'est-à-dire, *tiré du néant.* A cet égard, aucun doute n'est possible. Mais lorsque l'on nous dit que par conséquent il a été créé d'une manière *dérivative*, c'est-à-dire, *par l'opération des causes secondes*, nous nions absolument la conséquence. Entre la création *ex-nihilo* et la création *dérivative*, c'est-à-dire, *par le simple jeu des causes secondes*, il y a, en effet, un milieu : c'est la formation *miraculeuse* du corps du premier homme par l'opération *immédiate* du Créateur. Or, précisément, c'est cette voie moyenne qui répond à l'interprétation constante des théologiens.

(1) « Scripture seems plainly to indicate this when it says : *God made man from the dust of the earth, and breathed into his nostrils the breath of life.* This is a plain and direct statement that man's *body* was not created in the primary and absolute sense of the word, but was evolved from pre-existing material (symbolized by the term *dust of the earth,*) and was therefore only *derivatively created, i. e. by the operation of secondary laws.* » *Genesis of species*, p. 325.

Nous disons plus : le simple rapprochement de l'hypothèse de Mivart avec le texte invoqué prouve qu'elle est inacceptable. Que dit, en effet, la Genèse ?

Formavit Deus hominem de limo terræ, et inspiravit in faciem ejus SPIRACULUM VITÆ, *et factus est homo in animam* VIVENTEM.

S'il est, semble-t-il, une interprétation qui s'impose avec évidence relativement à ce passage, c'est que le corps de l'homme, avant son union à ce souffle de vie, *spiraculum vitæ*, était *sans vie*, une masse purement inerte.

Or, il n'en est pas ainsi dans l'hypothèse que nous examinons. Le corps de l'homme, avant qu'il fût uni à une âme raisonnable, était le corps parfaitement vivant d'un singe ou animal anthropoïde quelconque, qui jusque-là avait gambadé dans les forêts. Ce n'est donc pas le souffle de vie dont parle l'Écriture qui l'aurait animé, mais il était dès auparavant *vivant* et *sentant*.

Mivart, à la vérité, croit pouvoir tourner la difficulté en disant : « Si Adam a été formé de la manière dont j'ai indiqué la possibilité, il serait seulement, avant l'infusion de l'âme raisonnable, un *animal* vivant et sentant, et pas du tout un *homme* (1). » Or, la Genèse dit : L'HOMME *devint une âme vivante*. Mais cette réponse n'est, selon nous, qu'une pure subtilité qui ne saurait obscurcir le sens clair et manifeste du texte.

4° A l'appui de son interprétation, Mivart ajoute encore qu'elle se concilie avec les vues des théologiens du moyen âge, et notamment de saint Thomas, sur l'évolution embryonnaire dans l'espèce humaine. Ils pensaient, en effet, que l'enfant est d'abord animé par une âme *végétative*, puis par une âme tout à la fois *sensitive* et *végétative*, et enfin par une âme *raisonnable* qui est de plus végétative et sensitive. Or, dit Mivart, si l'on applique au corps de l'homme le transformisme, il y aurait, d'après ces vues, similitude entre le premier homme et l'enfant. Dans le singe qui aurait prêté

(1) « If Adam was formed in the way of which I suggested the possibility, « he would, till the infusion of the rational soul, be only *animal* vivens et sen- « tiens, and not *homo* at all. » *Evolution*, p. 20. (From the *Contemporary Review*, 1872.)

son corps à Adam, il n'y aurait eu d'abord, comme on le supposait pour les premières phases de la vie de l'enfant, qu'une âme simplement végétative et sensible.

Nous ne nions en aucune façon l'analogie, mais nous ne saurions admettre qu'un tel rapprochement ait la moindre valeur pour la question. Jamais les théologiens, soit anciens, soit modernes, n'ont songé à assimiler l'évolution *naturelle* du corps de l'enfant avec la formation, que tous présentent comme *miraculeuse*, du corps du premier homme. Il s'agit là pour eux de deux faits qui ne sont pas comparables, et le parallélisme que l'on imagine ici est manifestement exclu par leur pensée.

En somme, puisque les théologiens traitent *ex-professo* de l'*origine du premier homme*, nous demandons une seule chose : c'est que, au lieu de chercher leur pensée à ce sujet dans ce qu'ils écrivent sur la *création en général* ou sur l'*évolution de l'enfant*, on la cherche effectivement là où ils l'exposent avec une clarté qui ne laisse rien à désirer.

B. — La dérivation du corps d'Adam d'une forme simienne ne nous paraît pas plus acceptable en nous maintenant sur le terrain purement scientifique.

Remarquons d'abord que, si Mivart, dans sa *Genèse des espèces*, raisonne d'une manière décisive contre le darwinisme pur, il n'a cependant *rien* ajouté aux arguments déjà connus en faveur du transformisme en général. Il prouve très bien l'insuffisance de la sélection naturelle pour expliquer l'origine des espèces, mais par quoi supplée-t-il à cette insuffisance? Il y supplée surtout par une ou plusieurs lois d'évolution *innées* et *inconnues*. Or, c'est là tout simplement, ce nous semble, expliquer l'évolution par l'évolution. En somme, tous les arguments que nous avons présentés contre le darwinisme envisagé uniquement comme système transformiste, non-seulement restent debout, mais se trouvent le plus souvent renforcés par les raisonnements de Mivart.

Que disions-nous, par exemple, lorsque le darwinisme prétend que les espèces se sont produites par l'accumulation lente de petites modifications utiles? A l'hypothèse nous opposions un fait : celui de la fixité des espèces aussi loin qu'on peut les suivre dans la chaîne des temps.

Or, au sens de Mivart, si le transformisme est une doctrine vraie, nous devons admettre, non-seulement que les espèces se sont formées lentement, mais que parfois elles se sont produites rapidement, *soudainement*, et cela pourtant *par le simple jeu des causes naturelles*. Par là on veut se débarrasser de l'objection capitale qui s'élève contre le transformisme : l'absence d'intermédiaires dans la série paléontologique (1). Mais si, selon la remarque de M. le professeur Van Beneden, « pour expliquer les phénomènes des temps géologiques, il faut chercher la solution dans les phénomènes de l'époque actuelle (2) »; si, selon l'expression de W. Thomson, cette méthode appartient à l'*essence même de la science* (3), on peut dire, pensons-nous, que rien n'est si peu admissible que ces changements *à vue* du monde organique *par le simple jeu des causes naturelles*.

St-G. Mivart n'apportant donc, en dernière analyse, aucune preuve nouvelle en faveur du transformisme, nous pourrions, pour rejeter la dérivation du corps du premier homme d'une forme simienne, nous référer simplement à ce que nous avons dit antérieurement à ce sujet.

Mais l'hypothèse particulière proposée par Mivart présente, au point de vue scientifique, des difficultés qui lui sont propres et que nous essaierons d'indiquer.

Sans doute, par l'infusion d'une âme raisonnable dans le corps de la bête qui aurait fourni à Adam sa charpente organique, on échappe aux impossibilités palpables du darwinisme lorsqu'il assimile les phénomènes psychiques de l'homme et des animaux, impossibilités que nul mieux que Mivart n'a mises en lumière; mais d'autres difficultés surgissent, et, même en se tenant sur le terrain *purement scientifique*, elles enlèvent toute vraisemblance à l'hypothèse.

En effet, toutes les théories transformistes supposent nécessairement que la variation des espèces a eu lieu, non chez des individus isolés, mais chez tout un groupe animal. Les variations purement individuelles s'effacent, effectivement, aussitôt *à l'état de nature*, par la liberté des croisements

(1) Cf. Huxley, *Lay sermons*, 3d ed., p. 312. London, 1871.
(2) P.-J. Van Beneden, *Revue générale*, nov. 1871, p. 556.
(3) W. Thomson, citation de Van Beneden, ibid.

qui ramènent constamment le type à une moyenne. Tout un groupe *simioïde, ape-like*, comme dit Darwin, a donc dû, par le perfectionnement de plus en plus grand de son organisation, se trouver enfin prêt pour sa transformation en un groupe humain. On est donc ainsi conduit à admettre, concurremment avec nos premiers parents, un groupe animal *physiologiquement* et *anatomiquement* semblable à l'homme, ou, si l'on veut, un groupe *homme-bête.* Or, l'existence d'un tel groupe soulève plusieurs questions qui ne sont pas de minces difficultés pour l'hypothèse.

Et d'abord 1°, le transformisme étant ainsi compris, nous n'avons pas seulement à demander au système où sont tous les intermédiaires qu'il suppose entre l'homme et les singes connus, vivants ou fossiles, *intermédiaires qui font complétement défaut*, mais encore où se trouvent les restes de cette race d'*hommes-bêtes?* Partout où la science a trouvé l'homme *anatomique* fossile, n'a-t-elle pas également trouvé les traces de la vie de l'intelligence? Aussi loin qu'on recule, fût-ce même dans l'histoire paléontologique de notre espèce, on trouve l'homme presque exclusivement entouré d'animaux vivant encore aujourd'hui. Comment se fait-il que toute cette espèce congénère d'Adam et d'Ève se soit immédiatement si bien éteinte qu'aucune tradition n'en a conservé le souvenir?

2° Dans le groupe, deux individus seulement, de l'un et de l'autre sexe, ont été choisis pour devenir la souche de notre espèce. Mais comme, sous le rapport purement animal, les deux individus transformés étaient parfaitement semblables au reste du groupe qui n'avait pas subi la transformation, le mélange entre l'espèce naissante et le groupe primitif doit être considéré, au point de vue scientifique, comme parfaitement possible. Or, que serait-il résulté de ce mélange?

. 3° La formation du groupe dont serait issu Adam est d'ailleurs scientifiquement inconcevable, même en admettant le principe général de l'évolution.

L'organisation humaine, en effet, est admirablement adaptée aux fins d'intelligence. Il y a là des caractères qui accusent nettement la prévision de la fin à laquelle ils sont destinés, et Wallace lui-même en conclut que le simple jeu des causes naturelles livrées à elles-mêmes n'a pu produire le corps de l'homme ; il aurait fallu pour cela l'intervention d'intelligences supérieures.

Or, St-G. Mivart admet, tout à la fois, l'argumentation de Wallace et l'évolution *purement naturelle* du corps du premier homme. C'est là, ce nous semble, une inconséquence. Mivart paraît, à la vérité, placer la solution de la difficulté en ce qu'il trouve l'intervention intelligente réclamée par Wallace dans le concours de la Providence à l'action des lois naturelles. Mais, *en dehors du miracle*, la Providence ne fait que maintenir et assurer par sa coopération le jeu des causes naturelles ; et comme, d'après Wallace, les caractères de l'organisation humaine offrent une dérogation manifeste au cours ordinaire des lois de l'évolution, le simple concours de la Divinité à l'action ordinaire de ces lois ne saurait expliquer la formation du corps du premier homme, ni l'évolution du groupe animal auquel il appartenait. Et puisque Mivart, dans son hypothèse, exclut le miracle pour cette origine, il serait obligé, s'il veut suivre jusqu'au bout l'argumentation de Wallace, d'invoquer, comme lui, à défaut de la Divinité, l'action de ces éleveurs de l'homme primitif qui ont perfectionné artificiellement la race. Conception étrange, s'il en fut jamais, et qui semble associer la science aux mythes de la fable.

Ce n'est pas tout. D'après les traditions chrétiennes, nos premiers parents, même en ce qui regarde le corps, ont été créés dans un état de remarquable perfection. St-G. Mivart admet nécessairement cela. Il est donc naturel de supposer que le groupe animal auquel auraient été empruntés Adam et Ève présentait déjà, dans un degré de perfection relative, les caractères physiques de la race humaine, ce qui accroît encore la difficulté soulevée par Wallace. Mivart semble aller au-devant de l'objection en invoquant une autre cause d'ennoblissement de la forme humaine ; c'est que l'âme étant la *forme du corps*, elle a dû réagir sur lui pour en faire ce type d'*harmonie* et de *beauté* sans pareil dans le monde organique (1).

Mais Adam et Ève ont été créés à l'état adulte ; la forme

(1) Cf. Mivart, *Genesis of species*, p. 327.

de leur corps était donc parfaitement déterminée avant l'infusion de l'âme raisonnable; et sans nier que la vie de l'intelligence ne contribue à embellir le corps humain, personne n'admettra, en se plaçant sur le terrain scientifique et *en écartant toute idée de miracle*, que, par la seule union d'une âme raisonnable au corps d'un singe anthropoïde, celui-ci ait immédiatement perdu son tégument velu, que la capacité du crâne agrandie par enchantement ait logé un cerveau doublé ou triplé de volume, qu'un front plein de noblesse ait soudain imprimé à la face le sceau de l'intelligence, et que les mains soient aussitôt devenues cet admirable *compas à cinq branches* qui suppose déjà toutes les facultés du géomètre..Non, cela n'est pas sérieusement possible.

4° Le groupe animal qui nous occupe eût d'ailleurs été une véritable anomalie dans la nature vivante.

Et d'abord toute cette espèce dont l'organisation se trouvait si admirablement combinée pour les fins d'intelligence, n'était cependant composée que de brutes. A ce titre, elle était une monstruosité sans exemple, par l'absolue disproportion qui existait entre l'organisation et les facultés psychiques. Et, en fait, l'harmonie n'aurait été rétablie que chez deux individus du groupe, Adam et Ève. A cet égard du moins, le darwinisme, malgré toutes ses impossibilités, est ici plus acceptable, puisqu'il admet, dans les groupes en voie de transformation, un développement parallèle de l'organisation et des facultés mentales.

Ce n'est pas tout : le lecteur se rappelle l'objection que nous avons présentée, d'après le duc d'Argyll, à l'évolution de l'homme d'une forme inférieure au moyen de la sélection naturelle. A part les ressources que lui présente son intelligence, l'homme, disions-nous, aurait, à raison de sa faiblesse et de son denûment physiques, une situation tellement désavantageuse dans la lutte pour l'existence, qu'il est impossible d'attribuer aux forces aveugles de la nature une transformation de ce caractère. Or, l'objection acquiert une force toute nouvelle contre l'hypothèse de Mivart. Ici, en effet, nous serions en face d'un groupe animal réunissant, au point de vue physique, toutes les causes indiquées d'infériorité, et *n'offrant pas comme compensation les ressources de l'intelligence*. Dans ces conditions l'existence du groupe paraît *impossible*.

En somme, cette transformation de deux singes choisis dans nous ne savons quelle forêt, et qui, tout d'un coup, au milieu de leur carrière, se trouvent élevés à la dignité humaine, présente d'énormes difficultés scientifiques. La création de l'homme telle qu'elle nous est présentée par la Bible nous place tout simplement *en dehors des lois de la nature ;* l'hypothèse que nous critiquons ici, au contraire, est le *renversement complet de ces lois :* c'est le *miracle* à la plus haute puissance. Et pourtant c'est pour *éviter le miracle* dans l'origine corporelle de l'homme qu'on imagine cette histoire nouvelle de la création de notre espèce.

Tous ces systèmes divers ne prouvent donc qu'une chose : l'impossibilité de rendre scientifiquement acceptable la filiation de l'homme de la brute. Wallace et Mivart peuvent péremptoirement montrer que les conceptions de Darwin à cet égard se heurtent contre d'inextricables difficultés ; mais il n'est pas difficile d'établir que leurs systèmes particuliers n'ont pas plus de base scientifique.

CONCLUSION GÉNÉRALE.

Maintenant que nous sommes arrivé au terme de cette étude sur le darwinisme, jetons un regard en arrière pour constater les résultats acquis.

Nous avons, je pense, suffisamment établi que le darwinisme, loin d'être une doctrine certaine, comme le proclament trop légèrement Darwin lui-même et ses admirateurs, n'est qu'une pure hypothèse, conduisant souvent à des conséquences tout-à-fait invraisemblables et même à de flagrantes impossibilités.

Nous avons essayé de montrer également que l'application du système à l'homme, si elle en est une conséquence nécessaire, en est aussi l'écueil le plus insurmontable. Non-seulement, en effet, les intermédiaires requis par la théorie manquent ici plus que partout ailleurs, mais la structure même corporelle de l'homme présente en bien des points des caractères opposés à ceux qu'exigerait le darwinisme ; Quant aux tentatives du système pour expliquer par l'action de la sélection naturelle l'homme intellectuel, l'échec est tellement complet que des transformistes d'une haute autorité le proclament eux-mêmes.

Si, malgré tout, le darwinisme a obtenu apparemment un immense succès, nous croyons que ce triomphe est plus bruyant que réel; et les préjugés philosophiques l'expliquent pour la plus large part.

Au reste, nous ne croyons pas forcer la signification des faits en disant que la faiblesse de la position du darwinisme vis-à-vis de la critique scientifique devient chaque jour plus manifeste. La discussion dans les détails, cette pierre de touche de toute hypothèse, a déjà commencé à être fatale au système. Nous en avons l'aveu implicite, tantôt dans les modifications avec lesquelles on présente déjà le darwinisme, tantôt dans l'attitude embarrassée et pleine de réticences de Darwin et de ses émules à l'égard des difficultés les plus graves soulevées contre la théorie.

La sélection naturelle, cette loi de fatale concurrence qui d'abord présidait à toutes les évolutions du monde organique, qu'elle paraissait relier d'une manière si simple, a perdu singulièrement de son prestige aux yeux des adeptes. Déjà Huxley, désavouant ainsi ce qu'il soutenait naguère avec tant d'assurance (1), n'attribue plus à la sélection naturelle qu'une *action subordonnée* (2) dans la genèse des espèces. Lui-même reconnaît donc enfin l'*insuffisance* du système. Sans doute, ce n'est pas assez; mais cette attitude nouvelle des darwinistes est déjà bien significative. Il y a là pour leur système, pensons-nous, les signes d'une décomposition que la comparaison de plus en plus approfondie des êtres organisés ne fera que précipiter. Nous en avons pour garants les importants résultats que l'application de cette méthode par Bischoff et Aeby, par Gratiolet et Prüner-Bey et par Wallace lui-même, a déjà acquis à la science.

(1) Cf, Huxley, *Lay sermons*, p. 292. — *Westminster Review*. april 1860.
(2) Cf. Huxley, cit. de Mivart, *Evolution*, etc., p. 7. London, 1872.

TABLE ANALYTIQUE DES MATIÈRES.

TROISIÈME ARTICLE.

Exposé détaillé et réfutation des vues spéciales du darwinisme relativement à l'homme.

PREMIÈRE PARTIE.

L'homme d'après le darwinisme.

DEUXIÈME PARTIE.

Réfutation spéciale des vues du darwinisme par rapport à l'homme.

Conclusion générale.

9 782019 481233